职业教育系列教材

U0239569

焊接自动化技术及应用

主　编　戴建树　龙昌茂

副主编　张婉云　肖　勇

参　编　龚胜峰（企业）　黄景星（企业）

　　　　韦刚亮（企业）　莫胜撼　雷运理

主　审　王云鹏

机械工业出版社
CHINA MACHINE PRESS

本书是根据《教育部关于"十二五"职业教育教材建设的若干意见》及教育部新颁布的《高等职业学校专业教学标准（试行）》文件精神与要求，结合高等职业教育人才培养目标的要求，同时参考焊接机器人操作等职业资格标准编写的。

本书内容包括绪论、传感器、控制器及执行电动机、机械装置、焊接电源、焊接专机、焊接自动化技术的应用以及焊接自动化设备的日常维护与保养共7章。绪论介绍了焊接自动化技术及其现状与发展趋势，对典型的焊接自动化系统结构进行了剖析；第一至第四章围绕典型的焊接自动化系统的各组成部分进行了详细介绍，包括传感器与控制器的概念、原理、类型、作用以及选用，机械装置的组成以及各组成部分的结构及作用，常用焊接电源的特点与应用等；第五章介绍了常用焊接专机的种类、作用以及典型的焊接专机的结构及应用状况等；第六章、第七章具体介绍了焊接自动化技术的应用及日常维护保养知识，重点在于专机焊接、机器人焊接的实际应用，介绍了自动化焊接工作站，并强调在使用中应注意日常维护与保养问题。本教材以实用、够用为原则，强调应用，突出实用性，围绕典型的焊接自动化系统及其应用展开，注重理论与实际相结合、知识与技能相统一，选用了大量生产实例，校企合作完成编写，教学资源丰富。为便于教学，本书配套有助教课件、教学视频等教学资源，使用本书作为教材的教师可联系QQ（982557826）或登录www.cmpedu.com注册免费下载。

本书可作为高等职业院校焊接技术及自动化专业教材，也可作为焊接机器人操作等岗位培训教材。

图书在版编目（CIP）数据

焊接自动化技术及应用/戴建树，龙昌茂主编. —北京：机械工业出版社，2015.3（2023.1重印）

职业教育系列教材

ISBN 978-7-111-49624-3

Ⅰ.①焊…　Ⅱ.①戴…②龙…　Ⅲ.①焊接-自动化-高等职业教育-教材　Ⅳ.①TG409

中国版本图书馆CIP数据核字（2015）第049156号

机械工业出版社（北京市百万庄大街22号　邮政编码100037）
策划编辑：齐志刚　责任编辑：齐志刚　责任校对：黄兴伟
封面设计：张　静　责任印制：单爱军
北京虎彩文化传播有限公司印刷
2023年1月第1版第9次印刷
184mm×260mm·10.5印张·272千字
标准书号：ISBN 978-7-111-49624-3
定价：29.00元

电话服务

客服电话：010-88361066

010-88379833

010-68326294

封底无防伪标均为盗版

网络服务

机　工　官　网：www.cmpbook.com

机　工　官　博：weibo.com/cmp1952

金　书　网：www.golden-book.com

机工教育服务网：www.cmpedu.com

前　言

本书是根据《教育部关于"十二五"职业教育教材建设的若干意见》及教育部新颁布的《高等职业学校专业教学标准（试行）》文件精神与要求，结合高等职业教育人才培养目标的要求，同时参考了焊接机器人操作等职业资格标准编写的。

本书主要介绍焊接自动化技术及应用，编写过程中力求体现"够用、实用"的特色，强调应用，突出实用性。本书编写模式新颖，按照焊接自动化技术装置（即自动化焊接设备）的组成及应用来组织内容，先是对每一组成部分的结构、功能等进行了详细分析，在此基础上列举了具体的应用实例，在熟悉设备的基础上进行具体操作，条理清楚。本书体现了"校企合作、工学结合"的教学思路，体现了五个对接，即专业与产业、企业、岗位对接，专业课程内容与职业标准对接，教学过程与生产过程对接，学历证书与职业资格证书对接，职业教育与终身学习对接。

全书共7章，由广西机电职业技术学院与珠海科盈集团、南宁广发重工集团有限公司、南宁化工集团有限公司等校企合作完成编写，广西机电职业技术学院戴建树和龙昌茂任主编。具体分工如下：广西机电职业技术学院戴建树、张婉云合编绪论，广西机电职业技术学院张婉云、南宁广发重工集团有限公司黄景星合编第七章，广西机电职业技术学院莫胜撼、雷运理合编第一章和第二章，广西机电职业技术学院肖勇与南宁化工集团有限公司韦刚亮合编第四章和第五章，广西机电职业技术学院龙昌茂与珠海科盈集团龚胜峰合编第三章和第六章。本书由北京电子科技职业技术学院王云鹏主审。本书配套有助教课件、教学视频等教学资源，使用本书作为教材的教师可联系QQ（982557826）或登录www.cmpedu.com注册免费下载。

在本书编写过程中，编者参阅了国内外出版的有关教材和资料，得到了行业企业专家的有益指导，在此一并表示衷心感谢！

由于编者水平有限，书中不妥之处在所难免，恳请读者批评指正。

编　者

目　录

前言

绪　论

　　焊接是制造业中传统的、重要的加工工艺方法之一，广泛地应用于机械制造、航空航天、能源交通、石油化工、建筑以及电子等行业。随着科学技术的发展，几乎所有的产品，从几十万吨巨轮到不足 1g 的微电子元件，在生产中都不同程度地依赖焊接技术，焊接已从简单的构件连接或毛坯制造，发展成为制造业中的精加工方法之一。焊接质量与速度直接影响到产品的质量、可靠性和寿命以及生产的成本、效率和市场反应速度，随着制造业的高速发展，传统的手工焊接已不能满足现代高科技产品制造的质量、数量要求，现代焊接加工正在向着机械化、自动化的方向发展。近年来，焊接自动化在实际工程中的应用发展迅速，已成为先进制造技术的重要组成部分。

　　下面重点介绍焊接自动化基本概念与关键技术、焊接自动化现状与发展趋势以及焊接自动化系统结构组成。

一、焊接自动化的基本概念

　　焊接自动化主要是指焊接生产过程的自动化。它是一个综合性的设计与工艺问题，其主要任务是：在采用先进的焊接、检验和装配工艺过程的基础上，建立不需要人直接参与焊接过程的焊接加工方法和工艺方案，以及焊接机械装备和焊接系统的结构与配置。焊接自动化的核心是实现没有人直接参与的自动焊接过程。

　　焊接自动化有两方面的含义：一是焊接工序的自动化，二是焊接生产过程的自动化。焊接生产过程自动化是包括从备料、切割、组对、焊接到检验等一系列工序的焊接产品生产全过程的自动化。单一焊接工序的自动化是焊接生产自动化的基础，只有实现了焊接生产全过程的自动化，才能得到稳定的焊接质量和均衡的焊接生产节奏以及较高的焊接生产效率。

　　仅就焊接工序的自动化来说，要考虑到焊接过程及焊接装备的自动控制问题。而焊接过程和焊接装备的自动控制又包含许多内容，如焊接程序的自动控制、焊接参数的自动控制、焊接胎夹具的自动控制、自动装卸料等。然而，焊接工序自动化的最基本问题是应用自动焊机和焊接机械装备构成焊接自动化系统，通过焊接程序的自动控制，完成工件的自动焊接。因此，根据焊接工件的结构特点与焊接质量要求，构建合理的焊接自动化系统是实现焊接自动化的前提。

　　本书主要介绍单一焊接工序的自动化技术。

二、焊接自动化的关键技术

　　焊接自动化技术是将电子技术、计算机技术、传感技术、现代控制技术引入到焊接机械运动的控制中，也就是利用传感器检测焊接过程的机械运动，将检测信息输入控制器，通过信号处理，得到能够实现预期运动的控制信号，由此来控制执行装置，实现焊接自动化。

　　焊接自动化的关键技术主要包括机械技术、传感技术、伺服传动技术、自动控制技术和

系统技术等。

1. 机械技术

机械技术是关于焊接机械的机构以及利用这些机构传递运动的技术。在焊接自动化中，焊接机械装置主要有焊接工装夹具、焊接变位机、焊接操作机、焊接工件输送装置以及焊接机器人等。这些装置是配合焊机进行自动焊接的，它们具有以下作用：

1）使焊接工件装配快速、定位准确。

2）能够控制或消除工件的焊接变形。

3）使焊件尽量处于最有利的施焊位置——水平及船形位置焊接。

4）可以完成组合焊缝的焊接，减少焊接工位。

5）使焊枪运动，或者焊接工件运动，或者焊枪与工件同时协调运动，完成不同焊接位置、不同形状焊缝的自动焊接。

机械技术就是根据焊接工件结构特点、焊接工艺过程的要求，应用经典的机械理论与工艺，借助于计算机辅助技术，设计并制造出先进、合理的焊接机械装置，实现自动焊接过程中的机构运动。

同时，焊接机械装置在结构、重量、体积、刚度与耐用性方面对焊接自动化都有重要的影响。此外，还应考虑机械技术如何与焊接自动化相适应，利用其他高新技术来实现焊接机械结构、材料、性能以及功能上的变化，减少重量、缩小体积、提高精度和刚度、改善性能、增加功能，从而满足现代焊接自动化的要求。

2. 传感技术

传感器是焊接自动化系统的感受器官。传感与检测是实现闭环自动控制、自动调节的关键环节。传感器的功能越强，系统的自动化程度就越高。

焊接自动化中的传感器有许多种，有关机械运动量的传感器主要有位置传感器、位移传感器、速度传感器、角度传感器等。

由于焊接环境恶劣，一般的传感器难以直接应用，焊接自动化中的传感技术就是要发展在严酷环境下能快速、精确地反映焊接过程特征信息的传感器。

3. 伺服传动技术

要使焊接机械做回转、直线以及其他各种复杂的运动，必须有动力源。这种动力源就是执行装置。执行装置有利用电能的电动机（包括直流电动机、交流电动机和步进电动机等），也有利用液压能量或气压能量的液压驱动装置或气动装置等。

执行装置的控制技术称为伺服传动技术。伺服传动技术对系统的动态性能、控制质量和功能具有决定性的影响。

随着电力电子技术的发展，驱动电动机的电力控制系统的体积越来越小，控制也越来越方便，随着交流变频技术的发展，交流电动机在焊接自动化系统中的应用越来越普遍。目前，直流电动机和交流电动机都能够实现高精度的控制。可实现高速度、高精度控制是电动机作为焊接自动化系统中执行装置的一个重要特点。

气动执行装置往往要利用工厂内的气源，是一种结构简单、使用方便的执行装置。但是，用气动执行装置实现高精度的控制比较困难。在焊接自动化系统中，主要应用于焊接工件的工装夹具。

液压执行装置在焊接工件工装夹具中的应用越来越普遍，在机器人的手臂驱动装置中也

经常采用。虽然需要液压站系统，但可以由简单的结构实现大功率驱动。

4. 自动控制技术

在焊接自动化系统中，控制器是系统的核心。控制器的作用主要是焊接自动化中的信息处理与控制，包括信息的交换、存取、运算、判断和决策，最终给出控制信号，通过执行装置使焊接机械装置按照一定的规则运动，实现自动焊接。目前，计算机、单片机、PLC 构成的控制器越来越普遍，从而为先进的控制技术在焊接自动化中的应用创造了条件。

焊接自动化中，机械装置运动的控制可以分为顺序控制和反馈控制两大类。

顺序控制是指通过开关或继电器触点的接通和断开来控制执行装置的起动或停止，从而对系统依次进行控制的方式。

反馈控制是指被控制量为位移、速度等连续变化的物理量，在控制过程中不断调整被控制量使之达到设定值的控制方式。

焊接自动化中的自动控制技术主要是指：基本控制理论；在控制理论指导下，根据焊接工艺和质量的要求，对具体的控制装置或控制系统进行设计；设计后的系统仿真、现场调试；最终使研制的系统可靠地投入焊接工程应用。

自动控制技术包括硬件控制技术和软件控制技术。利用适当的软件进行控制，无论如何复杂的机械运动都可以实现。这里所说的软件控制技术不是软件语言及其管理方面的技术，而是考虑如何根据传感器检测信号使执行装置和机械装置按照焊接工艺过程的要求很好地运动，并编制出能够实现这种目标的软件程序的技术。

5. 系统技术

系统技术就是以整体的概念组织应用各种相关技术。从系统的目标出发，将整个焊接自动化系统分解成若干个相互关联的功能单元。以功能单元为子系统进一步分解，生成功能更为单一的子功能单元，逐层分解，直到最基本的功能单元。以基本功能单元为基础，实现系统需要的各个功能的设计。

接口技术是系统技术中的一个重要方面。它是实现系统各部分有机连接的保证。接口包括电气接口、机械接口、人—机接口。电气接口实现系统各个功能单元间的电信号连接；机械接口实现不同机械装置之间的连接，以及机械与电气装置之间的连接；人—机接口提供了人与系统之间交互作用的界面。

三、焊接自动化的现状与发展趋势

目前我国的焊接自动化率还不足30%，同发达工业国家的近80%相比相差甚远。20 世纪末我国开始逐渐在各个行业推广自动焊的基础焊接方式，即气体保护焊，来取代传统的焊条电弧焊，现已初见成效。随着数字化技术日益成熟，代表自动化焊接技术的数字焊机、数字化控制技术业已面世并已进入市场。信息技术、计算机技术、自动控制技术的发展和应用，正在彻底改变传统焊接的面貌，焊接生产过程的自动化已成为一种迫切的需求，它不仅可以大大提高焊接生产率，更重要的是可以确保焊接质量，改善操作环境。自动化焊接专机、机器人工作站、生产线和柔性制造系统在工程中的应用已成为一种不可阻挡的趋势。焊接产业逐步走向"精密化、大型化、多功能化、数字化、智能化和集成化"，可以预计在未来的十年，国内自动化焊接技术将以前所未有的速度发展。

焊接自动化设备的技术水平是国家科技水平的重要体现，直接决定了国家重大核心装备的技术水平，自动化焊接技术发展水平主要表现在焊接自动化设备的发展水平。目前，我国

焊接自动化设备制造企业已经可按客户的不同需求，设计、制造、集成各种类型的专用焊接自动化设备，并大量采用计算机控制技术，部分焊接自动化设备还配备了焊缝自动跟踪系统和图像监控系统，确保了焊接过程中的焊接质量。我国焊接自动化设备制造技术发展趋势如下。

1. 精密化、高效化

焊接自动化装备正朝着高精度、高质量、高效率、高可靠性方向发展。要求系统的控制器以及软件具有较高的信息处理速度、系统各运动部件和驱动控制具有高速响应特性，要求其电气、机械装置具有精确地控制，能够长期稳定、可靠的工作。

2. 模块化

焊接自动化设备的集成化技术包括硬件系统的结构集成、功能集成和控制技术的集成。现代焊接自动化设备的结构均采用模块化设计，根据不同客户对系统功能的不同要求，进行模块组合。且其控制功能也采用模块化设计，可以根据用户需求，快速提供不同的控制软件模块，提供不同的控制功能组合。模块化、集成化使系统功能的扩充变得极为方便，可实现个性化产品的规模化批量生产，降低成本、缩短交货期。

3. 智能化

智能化是将激光、视觉、传感、检测、图像处理、计算机等智能控制技术应用于焊接自动化装备中，使其能在各种环境复杂、变化的焊接工况下根据焊接的实际情况，自动调整，实现高质量、高效率的焊接智能控制。

4. 柔性化

柔性化是在设计焊接装备时需要尽量考虑柔性化，形成柔性制造系统，以充分发挥装备的效能，满足同类产品、不同规格工件的生产需要。焊接自动化装备将广泛采用工业机器人，标准化、模块化单元，实现多品种、小批量产品的柔性化生产。

5. 网络化

网络化是利用计算机技术、远程通信等技术，使焊接加工过程和质量信息、生产管理等信息通过网络实现数字一体化管理，实现脱机编程，远程监控、诊断和检修。

6. 人性化

人性化是指焊接自动化装备广泛采用数字化、图形化的人机操作界面，设备拥有专家数据库、控制参数实时显示、人机交互等功能，使设备操作更加容易、更加方便。

四、焊接自动化的主要设备及特点

根据自动化程度不同，自动化焊接设备可分为刚性自动化焊接设备（又称为初级自动化焊接设备）、自适应控制自动化焊接设备、智能自动化焊接设备三类；按照功能不同，自动化焊接设备又分为通用型自动焊机、专用型自动焊机与焊接机器人等。

按照目前世界发达国家的焊接装备水平，可将自动化焊接设备概括为如下几个特点：

1. 标准化、通用化、系列化

对于大批量生产的典型常用接头形式，如板材对接、筒体纵缝、圆筒环缝、管对接和管板接头等，现在已经开发出相对应的标准型自动化焊接专机，这种焊接机械具有焊接效率高、质量稳定的优点。如固得公司经多年产品研发开发出的 300～3000mm 的纵缝焊、工件回转环形焊机、卧式单枪（双枪）环缝焊、三轴数控焊接机床和焊枪回转环形焊机等。

2. 多功能化

为充分发挥大型自动化焊接设备的效率，已将其设计成适用于多种焊接方法和焊接工艺，如单丝、双丝、MIG/MAG-TIG 等离子弧焊，多丝埋弧焊等。

3. 智能化控制和自适应

焊接过程的全自动控制比传统的金属切削加工要复杂得多。全自动控制必须考虑焊件装配间隙误差、几何形状的偏差以及焊件在焊接过程中的热变形等，所以需要采用各种自适应控制系统和传感器技术。

4. 组合化和大型化

对于大、中型焊接结构生产过程的自动化，已研制成功各种大型自动化焊接设备，如厚壁容器焊接中心、机床车厢总装焊接中心、集装箱外壳整体焊接中心等。

5. 高质量、高精度、高可靠性

焊接机器人和精密焊接操作向高精度、高质量发展，行走机构的定位精度为 0.1mm，移动速度的控制精度为 0.1mm，与焊接机器人配套的焊接变位机的重复走位精度最高为 0.05mm。如固得公司研制的摩托车的车架机器人工作站，已应用于江门大长江、重庆摩托车制造厂的建设中。

五、焊接自动化系统

自动化焊接就是用焊接机械装置来代替人进行焊接。图 0-1 所示为十字操作架焊接，图 0-2 所示为机器人焊接。其中，机器人焊接系统是一个典型的焊接自动化系统，其基本构成单元是机械装置、执行装置、能源、传感器、控制器和自动焊机。

图 0-1 十字操作架焊接

1—示教器 2—夹持装置 3—焊接电源 4—十字操作架

（1）机械装置 机械装置是能够实现某种运动的机构，配合自动焊机进行焊接加工，如机器人本体、变位机、悬臂操作机等。

（2）执行装置 执行装置是驱动机械装置运动的电动机或液压、气动装置等。

（3）能源 能源是指驱动电动机的电源等。

（4）传感器 包括检测机械运动、焊接参数、焊接质量等的传感器。

（5）控制器 主要是用于机械运动控制的计算机、单片机、可编程控制器以及电子控制系统。

（6）自动焊机 自动焊机包括焊接电源、送丝机、焊枪等。它是一个独立的焊接系统。

图 0-2　机器人焊接

各组成部分的具体结构特点及功能将在后续章节中进行阐述。

六、本课程的学习目的和要求

焊接自动化技术及应用是一门技术科学，也是一门交叉科学。它涉及材料、机械、电子、信息、控制等多学科交叉领域，它包含了自动控制理论、传感器技术、电动机及其控制技术，单片机控制技术、PLC 控制技术等。

焊接自动化技术及应用课程是焊接专业（方向）较前沿的一门专业课程，课程综合性强。通过本课程的学习使学生将所学的基础课、专业基础课以及专业课程的相关内容建立起有机的联系，要求学生掌握一定的焊接自动化理论基础，掌握自动化焊接基本操作技能特别是机器人焊接技术，在具体应用中系统培养分析解决工程实际问题的方法和能力，提高学生多学科融合、积极创新的思维能力，成为社会主义经济建设所需要的复合型高层次人才。

通过学习，学生应熟悉焊接自动化系统的构成；了解焊接自动化中经常使用的位置、位移、速度传感器的工作原理，并可以结合工程实际选用各种类型的传感器；了解焊接自动控制的基本原理及控制要求；熟悉自动化焊接设备中的机械结构及各部分的作用；熟悉自动化焊接技术中对焊接电源的要求，掌握电动机速度调节原理及在焊接自动化方面的应用；掌握机器人焊接、专机焊接等常用焊接自动化技术的应用，具备自动化焊接方案的制订及实施能力。

综上所述，通过本课程的学习，学生应该掌握焊接自动化关键技术的基本内容，初步具有焊接自动化系统的分析和调试能力，具备典型焊接自动化系统的使用和应用能力。在学习过程中，应注意理论与实际相结合，善于用理论指导实践，又能在实践中贯通和理解相应理论知识，在实际操作中将理论知识转化为解决实际问题的能力。

本课程的先修课程是电工电子学、焊接方法与工艺、焊接设备及应用、焊接结构生产、专业英语等。

复习思考题

一、填空题

1. 焊接自动化有两方面的含义：一是＿＿＿＿＿＿的自动化，二是＿＿＿＿＿＿的自动化。

2. 焊接自动化的关键技术主要包括＿＿＿＿＿＿技术、＿＿＿＿＿＿技术、＿＿＿＿＿＿技术、＿＿＿＿＿＿技术和＿＿＿＿＿＿技术等。

3. 典型的自动化焊接系统由＿＿＿＿＿＿、＿＿＿＿＿＿、＿＿＿＿＿＿、＿＿＿＿＿＿、＿＿＿＿＿＿和＿＿＿＿＿＿等基本单元构成。

二、简答题

1. 什么是焊接自动化？什么是焊接自动化系统？

2. 焊接自动化系统的基本构成包括哪几个部分？

3. 焊接自动化中的关键技术有哪些？

4. 焊接自动化技术的发展趋势是什么？

第一章　传感器

第一节　概　　述

在各种现代装备系统中，检测技术与传感器是其安全、经济运行的重要保证，也是其先进性和实用性的重要标志。在自动化控制系统中，传感器是不可缺少的部分。要实现自动化，只有通过传感器精确检测出被控对象的参数并转换成易于处理的信号，控制系统才能正常地工作。

随着自动化技术的飞速发展，传感技术在焊接生产领域得到了广泛应用。如焊接过程中焊接质量的监控、焊接生产过程的自动化都需要测量焊接过程中的有关参数，并以此为依据进行自动控制。没有传感器，就不可能实现自动检测和控制。

一、传感器的作用

传感器的作用是将被测量转换成与其有一定关系的易于处理的电量，它获得的信号正确与否，直接关系到整个系统的精度。根据国家标准 GB/T 7665—2005《传感器通用术语》，传感器的定义为："能感受（或响应）规定的被测量并按照一定的规律转换成可用输出信号的器件或装置。

二、传感器的组成

传感器一般由敏感元件、转换元件和基本转换电路组成，如图 1-1 所示。其中敏感元件是指传感器中能直接感受或响应被测量的部分；转换元件是指传感器中能将敏感元件感受或响应的被测量转换成适于传输或测量的电信号部分；基本转换电路是把转换元件输出的电信号变换为便于处理、显示、记录、控制和传输的可用电信号。

图 1-1　传感器的构成

应该指出的是，并不是所有的传感器都必须包括敏感元件和转换元件。如果敏感元件直接输出的是电量，它就同时兼为转换元件；如果转换元件能直接感受被测量而输出与之成一定关系的电量，它就同时兼为敏感元件。敏感元件和转换元件两者合二为一的传感器是很多的。

三、传感器的分类

传感器的种类繁多，即使同一种物理量也可以用不同类型的传感器来测量，如位置可以用光电、磁电、电感、电容等多种传感器进行测量；而一种传感器又可测量多种物理量，如电容式传感器可用来测量位移、压力、荷重、加速度等。因此，传感器的分类方法很多，常

用的有按工作原理分类和按被测量性质分类。

按工作原理不同，传感器可分为参量传感器、发电式传感器及特殊传感器。其中，参量传感器有触点传感器、电阻式传感器、电感式传感器和电容式传感器等；发电式传感器有光电池、热电偶传感器、压电式传感器、霍尔式传感器和磁电式传感器等；特殊传感器是不属于以上两种类型的传感器，如超声波探头、红外探测器和激光检测器等。这种分类便于从原理上认识输入与输出之间的变换关系，有利于从业人员从原理、设计及应用上进行归纳性的分析与研究。

按被测量性质分类可以分为机械量传感器、热工量传感器、成分量传感器、状态量传感器和探伤传感器等。其中，机械量传感器有检测力、长度、位移、速度和加速度等的传感器；热工量传感器有检测温度、压力和流量等的传感器；成分量传感器是检测各种气体、液体、固体化学成分的传感器，如检测可燃性气体泄漏的气敏传感器；状态量传感器是检测设备运行状态的传感器，如采用干簧管、霍尔元件做成的各种接近开关；探伤传感器是用来检测金属制品内部的气泡和裂纹、检测人体内部器官的病灶的传感器，如超声波探头、CT探测器等。这种分类方法对使用者比较方便，容易根据测量对象来选择所需用的传感器。

本章所介绍的传感器是按照被测量性质分类的。焊接自动化系统中常用的传感器有位移传感器、位置传感器、速度传感器、角度传感器等。

第二节　位置传感器

位置传感器是通过信息检测来确定焊接工件或者焊枪是否已经达到某一位置的传感器。位置传感器不需要通过产生连续变化的模拟量，只需要产生能反映某种状态的开关量即可。当前实现位置检测的位置传感器主要是各种接近开关。

接近开关是利用位移传感器对接近物体的敏感特性，控制开关通断的一种装置，当物体移向接近开关，并接近到一定距离时，传感器才有"感知"，开关才会动作，通常把这个距离称为检出距离。不同的接近开关检出距离不同。一般工业上电容式接近开关、电感式接近开关、霍尔式接近开关和光电式接近开关使用较多。

一、电容式接近开关

电容式接近开关是利用物体间的电容变化来确定物体的位置。当被测物体接近于电容式接近开关表面时，会改变其电容值（电容极板间介质的变化、间距的改变或电容平行板间面积的变化等），导致检测回路中阻抗值的变化，从而检测到物体的位置。电容式接近开关的外形如图1-2所示。

根据电容的变化检测物体接近程度的方法有多种，最简单的方法是将电容器作为振荡电路的一部分，并设计成只有在传感器的电容值超过预定阈值时才产生振荡，然后再经过变换，使其成为输出电压，用以确定被检测物体的位置。图1-3所示为电容式接近开关的工作原理。

该接近开关采用了振荡电路的形式。振荡

图1-2　电容式接近开关

器输出高频电压经变压器给由 L_2、C_2 和 C_3 构成的谐振电路供电。谐振电路的振荡电压经整流器整流、放大后输出。C_3 是电容式接近开关与被测工件之间形成的电容。当接近开关与被测工件之间的距离发生变化时，则

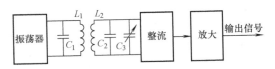

图 1-3　电容式接近开关的工作原理

C_3 的电容值发生变化，谐振回路的阻抗也随之变化，从而引起整流器输出电压的变化。

二、电感式接近开关

电感式接近开关是一种开关量输出的位置传感器，其外形如图 1-4 所示。它由 LC 高频振荡器和放大处理电路组成。当金属物体靠近接近开关时，探头产生电磁振荡，金属物体内部会产生涡流。金属物体产生的涡流反作用于接近开关，使接近开关的振荡能量衰减，内部电路的参数发生变化，开关状态发生变化，从而识别出金属物体。电感式接近开关也称为涡流式接近开关。

电感式接近开关是根据振荡电路衰减来判断有无物体接近的。被测物体要有能影响电磁场使接近开关的振荡电路产生涡流的能力，所以，电感式接近开关只能检测金属材料，对非金属材料则无能为力。电容传感器却能克服以上缺点，它几乎能检测所有的固体和液体材料。由于目前的工程结构中金属材料仍然是主体，因此，在焊接自动化中，电感式接近开关的应用是非常普遍的。

图 1-4　电感式接近开关

三、霍尔式接近开关

根据霍尔效应的原理，当导体的材料和尺寸确定后，霍尔电势与霍尔元件所在磁场的磁场强度及流过它的电流两者的乘积成正比。根据这一特性，在恒定电流下可测量磁感应强度；反之，在恒定的磁场之下，也可以测量电流。而霍尔式接近开关则是利用检测有无磁感应强度来检测物体的位置。

目前经常采用霍尔式接近开关如图 1-5 所示。

霍尔式接近开关是利用霍尔效应与集成电路技术结合而制成的一种磁敏传感器。它能感知与磁信息有关的物理量，并以开关信号形式输出。霍尔式接近开关具有使用寿命长、无触点磨损、无火花干扰、无转换抖动、工作频率高、温度特性好、能适应恶劣环境等优点。霍尔式接近开关目前在焊接自动化系统中的应用越来越多。

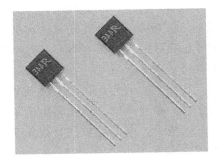

图 1-5　霍尔式接近开关

四、光电式接近开关

光电式接近开关是利用被检测物对光束的遮挡或反射，由同步回路选通电路，从而检测物体的有无，简称接近开关。检测物体不限于金属，所有能反射光线的物体均可被检测。光电开关将输入电流在发射器上转换为光信号射出，接收器再根据接收到的光线强弱或有无对目标物体进行探

测。多数光电开关选用的是波长接近可见光的红外线。光电开关由发射器、接收器和检测电路三部分组成。发射器对准目标发射光束，发射的光束一般来源于发光二极管（LED）、激光二极管及红外发射二极管等半导体光源。接收器有光电二极管或光电三极管、光电池组成。在接收器的前面，装有光学元件如透镜和光圈等。在其后面的是检测电路，它能滤出有效信号和应用该信号。

根据工作原理不同，光电开关可分为对射型和反射型两种。其中，对射型光电开关的投光器与受光器是相对的两个装置，光束也是在相对的两个装置之间，位于投光器与受光器之间的物体会阻断光束并启动受光器，如图1-6所示。而反射型光电开关则将投光器与受光器置于一体，光电开关反射的光被检测物体反射回受光器，如图1-7所示。

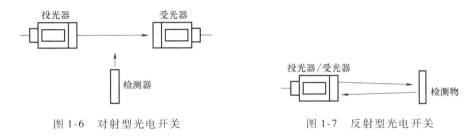

图1-6　对射型光电开关　　　　　　　图1-7　反射型光电开关

五、位置传感器的应用

位置控制在自动焊接中应用非常广泛。在直缝、环形焊缝自动焊接和焊接生产自动流水线的工件传输，以及焊接工位自动转换的控制中都需要采用位置传感器。

图1-8是直缝自动焊示意图。在这里采用两个位置传感器来确定焊枪行走的位置。可以根据焊缝的长短来确定传感器的位置，从而实现直缝焊接长度的自动控制。

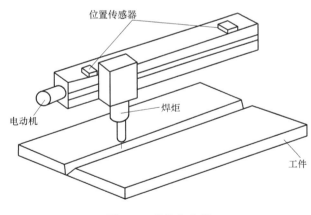

图1-8　直缝自动焊

图1-9所示为焊接工位自动转换装置。该装置是将位置传感器固定在焊接机头上，焊接工件在装卸工位安装固定后，转盘带动工件旋转。当传感器检测到定位块时，转盘停转，工件到达焊接位置。工件焊接时，在装卸工位更换工件，焊接完成后，再进行工位的转换。同理，可以根据需要进行多个工位的转换控制。

在上述自动化控制中，传感器可以采用接触式位置传感器（即限位开关），也可以采用非接触式的接近开关。如果采用电磁传感器，图1-9所示焊炬夹持移动机构的定位块可以采

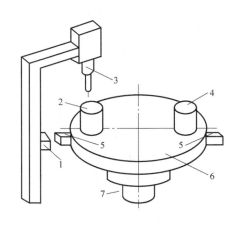

图 1-9　焊接工位自动转换装置

1—传感器　2—焊接工位　3—焊炬　4—装卸工件工位　5—定位块　6—转盘　7—电动机

用一般的钢铁材料；如果采用霍尔传感器，定位块则需要采用磁铁或磁钢材料；如果采用反射式光电传感器则需要在定位块上安置反射片。应该指出的是，无论采用哪种传感器，都需要注意传感器的检测距离。

第三节　位移传感器

位移是物体在一定方向上的位置变化，它是机械加工的重要参数。位移测量可分为线性位移测量和角位移测量两种。位移传感器是用来测量位移、距离、位置、尺寸、角度和角位移等几何量的一种传感器。常见的有电感式传感器、光栅传感器等。

一、差动变压器式位移传感器

差动变压器式位移传感器是感应式位移传感器中应用最广的一种。它是一个原边有一个绕组、副边有两个按差动方式连接的绕组的开口变压器。变压器开口处有一个活动铁心，该铁心产生位移时使磁路改变，从而使输出差动电压随之改变。差动变压器式位移传感器的结构原理如图 1-10 所示。

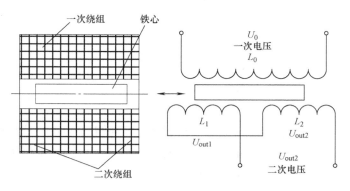

图 1-10　差动变压器式位移传感器的结构原理

当一次绕组 L_1 加交流励磁电压 U_{in} 时，在二次绕组上由于励磁感应而产生感应电压。由

于两个二次绕组反极性串接，所以两个二次绕组的感应电压 U_{out1} 和 U_{out2} 的相位相反，其相加的结果在输出端就产生了电位差 U_{out}。当铁心处于中心对称位置时，则 $U_{out1} = U_{out2}$，所以 $U_{out} = 0$；当铁心向两端位移时，U_{out1} 大于或小于 U_{out2}，使 U_{out} 不等于零，其值与铁心的位移成正比。这就是差动变压器将机械位移量转换成电压信号输出的转换原理。

差动变压器式位移传感器具有良好的环境适应性，结构简单、灵敏度高、分辨率高、稳定性好和使用寿命长，使用时只要把传感器的壳体夹固在参照物上其测杆顶（或夹固）在被测点上，就可以直接测量物体间的相对变位。

二、光栅位移传感器

光栅位移传感器是一种数字式传感器，它直接把非电量转换成数字量输出，主要用于长度和角度的精密测量和自动化系统的位置检测等，还可以检测能够转换为长度的速度、加速度、位移等其他物理量。光栅位移传感器由移动光栅、固定光栅、光源和受光元件组成，它的结构如图 1-11 所示。一般采用发光二极管为光源、光敏二极管为受光器件。在检测时，光源通过在光栅传感器上按固定间隔排列的栅缝，断续地将光照射到对面的光敏二极管上，光敏二极管将产生相应的脉冲信号 ϕ，通过对光敏二极管产生的脉冲信号 ϕ 进行计数，可以检测物体移动的距离。

用光栅位移传感器也可以检测物体移动的速度。测量速度时，一般采用增量方式，即通过固定时间内对光敏二极管产生的脉冲信号进行计数来测量物体移动的速度。

在图 1-11 所示的光栅位移传感器中，通过在固定光栅板上配置两个能产生四分之一间距离相位差的栅缝，可以得到两相脉冲输出信号（图 1-11b）。通过对其相位差的检测，可以检测物体的移动方向。

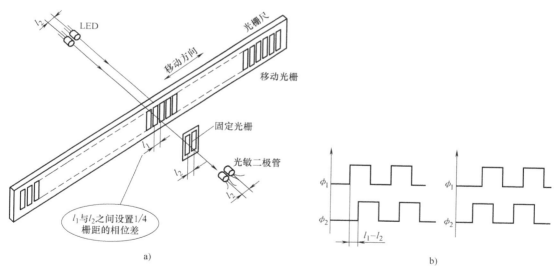

图 1-11　光栅位移传感器

a）位移量检测　b）位移方向检测

光栅位移传感器是一种新型的光电传感器，它一般适用于直线焊接位移、速度的测量，具有检测精度和分辨率高、抗干扰能力强、稳定性好、易与微机接口、便于信号处理和实现自动化测量等特点。

三、磁栅传感器

磁栅传感器也是一种用于检测位移的传感器。它的价格低于光栅，具有制作简单、易于安装、调整方便、测量范围（1～20mm）宽、抗干扰能力强、磁信号可以重新录制等一系列优点。目前，可实现测量分辨率1～55μm，系统精度为±0.01mm/m。其缺点是需要进行屏蔽和防尘。

磁栅传感器可分为长磁栅和圆磁栅。长磁栅主要用于直线位移的测量，圆磁栅主要用于角位移的测量。

磁栅又称磁尺，由磁栅基体和磁性薄膜组成。磁栅基体是用非导磁材料做成的，上面镀一层均匀的磁性薄膜，且经过录磁。录磁信号幅度均匀，幅度变化小于10%，节距均匀。目前长磁栅的磁信号节距一般为0.05mm、0.1mm、0.2mm，圆磁栅的角节距一般为几分至几十分。

长磁栅又分为尺型、同轴型和带型三种。尺型磁栅工作时磁头架沿磁栅的基准面运动，不与磁栅接触，主要用于精度要求较高的场合。同轴型磁栅的磁头套在磁棒上工作，两者之间仅有微小的间隙。该类磁栅抗干扰能力强，结构小巧，可用于结构紧凑的场合和小型测量装置中。带型磁栅的磁头在接触状态下读取信号，能在振荡环境中正常工作，适用于量程较大或安装面不好安排的场合。为防止磁栅磨损，可在磁栅表面涂上几微米厚的保护层。圆磁栅的磁盘圆柱面上的磁信号由磁头读取，安装时在磁头与磁盘之间应有微小的间隙以免磨损。

磁栅传感器主要由磁尺、磁头和检测电路组成，其结构如图1-12所示。磁栅是检测位移的基准尺，磁头用来读取磁尺上的记录信号。检测电路主要用来供给磁头激励电压和把磁头检测到的信号转换为脉冲信号输出。

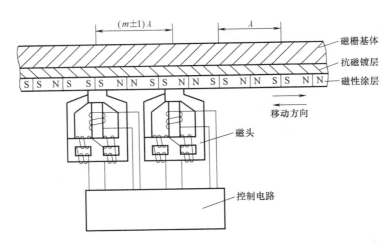

图 1-12　磁栅传感器的结构

磁栅上录有等间距的磁信号，它是利用磁带录音的原理将等节距的周期变化的电信号（正弦波或矩形波）用录磁的方法记录在磁性尺或圆盘上而制成的。

当磁栅传感器工作时，磁头相对于磁栅有一定的相对位置，当磁栅与磁头之间产生相对位移时，磁头的铁心使磁栅的磁通有效地通过输出绕组，在绕组中产生感应电压，该电压随

磁栅磁场强度周期的变化而变化，从而将位移量转换成电信号输出。磁头输出信号经过检测电路转换成电脉冲信号并以数字形式显示出来。

四、位移传感器的应用

图 1-13 所示为直线光栅位移传感器的结构。光源、透镜、指示光栅和光电器件固定在机床床身上，主光栅固定在机床的运动部件上，可往复移动。安装时，指示光栅和主光栅之间保证有一定的间隙。

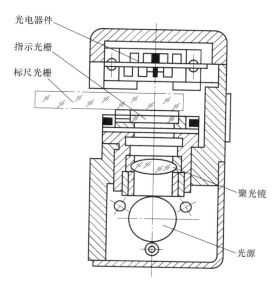

光电器件
指示光栅
标尺光栅
聚光镜
光源

图 1-13　直线光栅传感器的结构

当机床工作时，两光栅相对移动便产生莫尔条纹，该条纹随光栅以一定的速度移动，光电器件就检测到莫尔条纹亮度的变化，转换为周期性变化的电信号，通过后续放大、转换、处理电路送入显示器，直接显示被测位移的大小。光栅位移传感器的光源一般为钨丝灯泡或发光二极管，光电器件为光电池或光敏晶体管。

第四节　速度传感器

在机械设备的运行中，经常需要对旋转轴的转速进行测量，转速一般以每分钟的转数来表达，单位为 r/min。测量速度的方法有很多，通常有霍尔传感器测速、电涡流测速、光电编码器测速等。其中霍尔传感器、电涡流传感器在前面已介绍，本节主要介绍光电编码器。

一、光电编码器

随着数字化技术的发展，数字传感器的应用越来越普遍。所谓数字传感器就是一种能够把被测模拟量直接转换成数字量输出的装置。与模拟式传感器相比，数字传感器具有以下特点：测量的精度和分辨率高，抗干扰能力强，稳定性好，便于信号处理与自动检测和控制。

在检测物体旋转角度（位移）、转速或转数的数字传感器中，目前应用较多的是光电旋转编码器。

光电旋转编码器同光栅传感器的检测原理相同，都是通过检测传感器输出的脉冲数来检

测物体的位移与移动速度。不同的是，光电旋转编码器既可以直接检测旋转物体旋转的角度和转速，也可以检测直线平移物体的位移和运动速度；而光栅传感器一般只能检测直线平移物体的位移和运动速度。

光电旋转编码器具有测量精度高、分辨率高、稳定性好、抗干扰能力强、便于与计算机接口、适于远距离传输等特点。光电旋转编码器通过转动圆形光栅盘来检测旋转轴的旋转角度，根据其结构不同，分为增量式编码器和绝对式编码器。

1. 增量式编码器

增量式编码器的结构如图 1-14 所示。它由光源、光栅板、码盘和光敏元件组成。码盘与转轴连在一起，用玻璃材料制成，表面涂有一层不透光的金属铬，然后在边缘制成向心透光窄缝，透光窄缝在码盘周围等分，数量从一百多条到几千条不等。光源一般用 LED。

当轴旋转时，光电编码器有相应的脉冲输出，其旋转方向的判别和脉冲数量的增减需要外部的判向电路和计数器来实现。其计数起点可任意设定，并可实现多圈的无限累加和测量，还可以把每转发出的一个脉冲 C 信号作为参考机械零位。

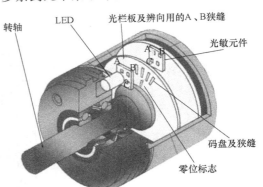

编码器的转轴转一圈输出固定的脉冲，输出脉冲数与码盘的刻度线相同。输出信号为一串脉冲，每一个脉冲对应一个分辨角 α，对脉冲进行计数 N，就是对 α 的累加，即角位移 $\theta = \alpha N$。如分辨率 $\alpha = 0.352°$，脉冲数 $N = 1000$，则角位移 $\theta = 0.352° \times 1000 = 352°$。

图 1-14　增量式编码器的结构

2. 绝对式编码器

绝对式编码器的结构如图 1-15 所示。它由光源、透镜、码盘和光敏元件组成。其中光敏元件为一组元件，它的排列与码道一一对应。

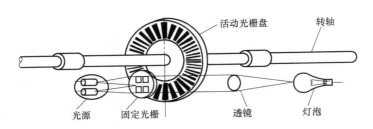

图 1-15　绝对式编码器的结构

绝对式编码器按照角度直接进行编码，能直接把被测角用数字代码表示出来。当轴旋转时，有与其位置对应的代码（如二进制码、格雷码、BCD 码等）输出。从代码大小的变更，即可判断正反方向和转轴所处的位置，而无需判别方向电路。它有一个绝对零位代码，当停电或关机后，再开机重新测量时，仍可准确读出停电或关机位置的代码，并准确地找出零位代码。一般情况下，绝对式编码器的测量范围为 $0 \sim 360°$。

二、速度传感器的应用

在焊接自动化系统中，焊接速度的控制非常重要。无论是直焊缝还是环焊缝，速度控制就是对电动机转速的控制。在采用编码器进行转速控制时，可以将编码器安装在电动机的旋转轴上，当电动机旋转时，取出表示转速的编码器的输出脉冲，通过 f/U 转换电路，将电压值与电动机转速设定电压值进行比较，用其偏差值信号，经伺服驱动系统，控制电动机的转速。这样可以保证电动机的转速的稳定。其控制原理如图 1-16 所示。

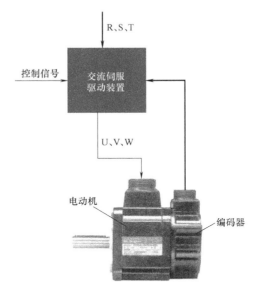

图 1-16　电动机转速控制原理

此外，采用接近开关也可以测量速度，如霍尔式、电容式等接近开关。图 1-17 所示为采用接近开关对转轴转速进行检测。转轴旋转，当凹槽或凸齿经过传感器时，传感器输出的电信信号发生变化，即输出一个脉冲，用频率计测量这些脉冲，便可以得到转速。假设转轴上开 Z 个槽（或齿），频率计的读数为 f（单位为 Hz），则转轴的转速 n（单位为 r/min）的计算公式为 $n = 60f/Z$。

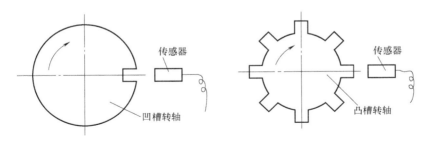

图 1-17　采用接近开关检测转速

第五节　焊缝跟踪传感技术

焊接生产时自动焊接装置或机器人焊接系统对焊缝的自动、实时跟踪已成为自动化焊接和智能焊接的重要内容。焊缝自动跟踪系统研究中首先需要解决的问题是焊缝位置的实时传感，而这种位置信息的获得很大程度上取决于传感方式。因此，传感器是决定整个系统跟踪精度的首要因素。近十年来，焊缝跟踪技术的研究、应用得到了飞速发展，尤其是焊缝传感技术已从简单的机械接触、电磁感应转变为信息量更大、精确度更高的电弧传感、光学（视觉）传感等方式，同时计算机信息处理也成为必不可少的辅助手段。由于焊接现场工作条件恶劣，而且传感器通常距离电弧较近，很容易受到强烈的弧光、电磁、高温、辐射、烟尘和飞溅等不利条件的干扰，因此，焊接自动跟踪传感器除了与一般传感器一样要求灵敏度高、响应速度快、精确度高、可靠性好、体积小、重量轻、寿命长等之外，特别要求它抗干

扰能力强。

一、焊缝跟踪传感类型

焊缝跟踪传感器的分类如图 1-18 所示。按其工作原理通常可分为接触式和非接触式。具体来说，常用的焊缝跟踪传感器有机械式、机械电子式、电弧传感式、超声波式、电磁式和光学视觉式等多种。电弧传感器是直接利用焊接电弧的电流、电压信号来检测坡口位置，不需要附加传感装置，因此又称为直接式传感器，而其他的传感方式均需要外加的传感器件，称为间接式传感器。在

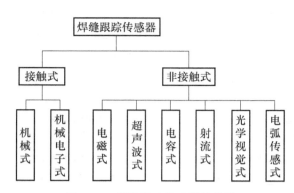

图 1-18　焊缝跟踪传感器的分类

各种传感方式中，机械电子式使用不够灵活，适应面窄，目前较少采用。而电弧传感式和光学视觉式传感器各具特色，国内外研究较多。随着传感器和信号处理技术的进步，多传感器信息融合将会与弧焊机器人技术相结合，在焊缝自动跟踪中得到广泛的应用。

二、机械接触式传感器

机械接触式传感器所用的传感元件有靠模、靠轮及探针等几种形式，图 1-19 所示为一种探针式机械接触式传感器。焊缝跟踪的工作原理是将一根金属探针放置在焊接熔池的前沿，探针沿焊缝移动，将焊缝位置信号传递给控制系统，控制系统根据探针的信号对焊枪移动轨迹进行修正。探针式焊缝跟踪的特点是结构简单，操作方便，抗弧光、电磁和烟尘干扰的能力强。探针式传感器一般用于长、直焊缝的单层焊及角焊缝。目前，在航天运载器推进系统焊接中使用的这种探针式传感器的焊缝跟踪精度为 1mm。

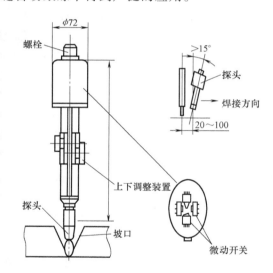

图 1-19　机械接触式传感器

探针式传感器对于间隙比较紧密的焊缝接头，效果不佳，因为此时探针没有地方依靠。此外，这种传感器还存在以下问题：对不同形式的坡口需要不同形状的探头；对坡口的加工要求高，跟踪表面的任何损伤和粗糙不平都会影响跟踪的稳定性；探头磨损大、易变形，尤其是在高速焊接情况下，从而影响跟踪精度；由于磨损还影响到探头的使用寿命，需要经常更换。

三、电极接触式传感器

电极接触式传感器以检测电源代替焊接电源，接在电极与工件之间。工作时，令焊枪按预定轨迹运动接触工件，当检测焊丝与工件接触时电压和微电流（10mA 或更小）的变化，从而判断接触点的坐标。为了保证接触，一般使用 300 ~ 600V 的电压，频率为 50Hz 或 60Hz。

电极接触式传感器主要是针对弧焊机器人研制的,它可以有效地检测机器人路径的示教点和实际位置之间的偏差,并在程序中进行修改。这种传感器不能在焊接过程中使用,它一般用来检测焊接的起始和终点位置。在许多场合,它与电弧式传感器相配合使用。

四、电磁式传感器

电磁式传感器的原理如图 1-20 所示。一次线圈 U_1 中流过高频电流后在二次线圈上产生感应电势。偏差的存在将使左右两个二次线圈的磁路出现不对称,U_{21}、U_{22} 之差可以反映焊枪偏离焊缝的大小和方向。为了抑制错边、定位焊点引起的干扰信号,可采用漏磁抑制式、电势抑制式和扫描式电磁传感器。

电磁式传感器适用于对接、错接和角焊缝。其体积较大,使用灵活性差,且对于磁场干扰和工件装配精度比较敏感、一般应用于对精度要求不高的场合。

五、超声波式传感器

超声波式传感器利用了超声波测距的原理。将超声波式传感器置于焊枪前方,用一套扫描装置使传感器在焊道上方左右扫描。超声波式传感器发射超声波,遇到焊件金属表面时,超声波信号被反射回来,并由传感器接收,通过计算传感器发射到接收的声程时间,可以得到传感器与焊件之间的垂直距离,再与给定的垂直高度相比较,可得到高度方向的偏差大小与方向。控制系统则根据检测到的偏差大小及方向在高度方向进行纠偏调整。为了获得焊缝横向位置偏差信息,可以采用寻找坡口的两个边缘的方法,因为在坡口的边缘处,超声波从发射到接收的声程时间较短,而在坡

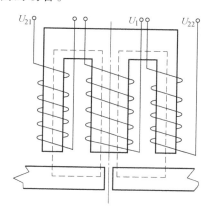

图 1-20　电磁式传感器

口中心处声程时间较长,从而可分别确定坡口中心与边缘的位置,控制系统可据此进行横向的纠偏调整。超声波传感器计算强度较小,跟踪的精度也较低。

六、电弧式传感器

在焊接过程中,当焊枪与工件之间的相对位置发生变化时,会引起电弧电压、电弧电流的变化,这些变化都可以作为特征信号被提取出来实现上下和左右两个方向的跟踪控制,这就是电弧式传感器的工作原理。电弧式传感器主要有摆动式电弧传感器和旋转式电弧传感器两种。

1. 摆动式电弧传感器

摆动式电弧传感器是电弧传感器应用较早的形式。如图 1-21 所示,它利用焊枪的摆动实现电弧对坡口的扫描,在摆程的左右两端和中心,由于电弧长度发生变化,所以焊接电流也发生变化,通过比较左右两端到中心之间的电流、电压波形也可以判断焊枪是否对准坡口的中心线。这种方式在控制焊接成形、改善焊接质量方法有较大的好处,但是受其摆动频率的限制,采样数据处理周期较长,跟踪精度不高,为此人们设计出了旋转式电弧传感器。

2. 旋转式电弧传感器

旋转式电弧传感器采用旋转电弧的方式代替了摆动电弧,旋转频率高达 100Hz,其焊缝跟踪原理如图 1-22 所示。导电杆作为圆锥的母线,绕圆锥轴线旋转,而不绕导电杆自身轴线旋转,并且在锥顶处运动的幅度很小,这种结构调节扫描直径的方法是调节圆锥顶角,传

感器需用一级齿轮减速传动，结构较大，影响了焊枪的可达性。电弧式传感器的灵敏度与其在坡口上的扫描速度成正比。由于机械摆动速度有限，因此提出了高速旋转扫描传感器的方案，比较电弧在圆周上的角度和此时的焊接电流可以识别坡口位置的信息。

旋转式电弧传感器的焊缝位置检测原理图如图 1-23 所示。电弧旋转的位置 C_f、C_r、R、L 分别表示旋转电弧位于熔池的前、后、左、右 4 个方向。图中虚线表示焊枪与接头无偏差时的焊接电流波形，焊接电流的峰值点位于 C_f 和 C_r 处，而谷值点位于 R 和 L 处，这时波形是关于前进方向上的 C_f 点对称的。当焊枪偏向右边时，如图 1-23 中实线所示，两峰值点靠近左侧，焊接电流波形也不对称。通过对焊接电流波形的分析，可以得到焊枪对焊接接头的横向偏差与高度偏差。

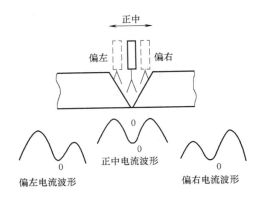

图 1-21 摆动式电弧传感器的焊缝位置检测原理

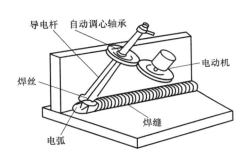

图 1-22 旋转式电弧传感器的焊缝跟踪原理

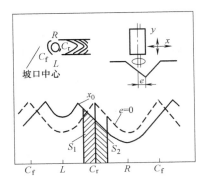

图 1-23 旋转式电弧传感器焊缝位置检测原理

与摆动式电弧传感器相比，旋转式电弧传感器具有如下特点：高速旋转提高了焊枪位置偏差的检测灵敏度，极大地改善了跟踪的精度；高速旋转使快速控制相应性能的实现成为可能。

电弧式传感器要求焊接时电弧比较稳定，其电流、电压的波动较小；而且在薄板焊接、坡口高度小于 4mm 或 I 形对接接头的焊接中，使用电弧式传感器进行焊缝跟踪难以实现。另外，它只能在焊接时工作，这样就无法单独做到焊前预先定位，需要与其他传感器如电极接触式传感器相配合使用。当前电弧式传感器已作为一种有效、实用的传感器发展和应用起来，它可以成功地应用于弧焊机器人及一般自动焊机的焊缝自动跟踪。但是，这类传感器对于不开坡口的对接焊道，是难以实现对中跟踪的。

七、激光视觉传感器

激光视觉传感属于视觉传感或光学-视觉传感。视觉传感跟踪方法就是采用光学器件组成焊缝图像信息传感系统，然后将获取的焊缝图像信息进行识别处理，获得电弧与焊缝是否偏离、偏离方向和偏离大小的处理结果。根据这个结果去控制执行机构，调节电弧与焊缝的相对位置，消除电弧与焊缝的偏离，达到电弧准确跟踪焊缝的目的。

激光视觉传感系统主要由 CCD 摄像机、镜头、滤光片组、一字线半导体激光器等组成，如图 1-24 所示。摄像机和半导体激光器互成一定角度固定于焊枪前方，工作时，半导体激光器发出一字线激光斜射到工件表面，形成一条很窄且与焊接方向垂直的激光条纹。当激光条纹被工件反射后，经滤光片组滤除干扰光后，进入摄像机成像。由于激光入射角的存在，当激光照射到待焊工件时，由于各点的深度不同，激光条纹在摄像机形成的图像的位置也就不同。也就是说，激光条纹投射在焊件上是一字线，而在图像上获得的是折线，折线反映了焊缝的坡口特征信息，因此，可以根据折线各点的形变程度计算出焊缝坡口或接口处各点的位置。

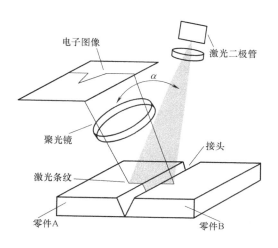

图 1-24　激光视觉传感系统的组成

由于视觉传感方法模拟了焊工的眼睛，是直接利用光学方法检测焊缝位置的，具有与工件无接触、检测到的信息量大、检测精度和灵敏度高、动态响应快、抗电磁场干扰能力强、适于各种坡口形状等优点，可以同时进行焊缝跟踪控制和焊接质量控制。随着计算机技术和图像处理技术的不断发展，又使得其实时性容易满足，所以视觉传感方式得到了很大的发展，也是人们公认的一种很有发展前途的焊缝跟踪控制方法。

八、焊缝跟踪传感技术的应用

随着焊接自动化技术、计算机技术、电子技术的迅速发展，研发低成本且实用的焊缝跟踪器成为可能。2010 年广西机电职业技术学院自行研制了激光视觉焊缝跟踪系统，并在塔吊臂架、行车横梁、节能环保滚筒等多个焊接产品中取得成功应用，如图 1-25 所示。

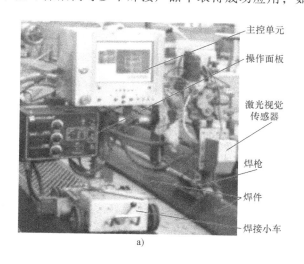

a)

图 1-25　激光视觉焊缝系统应用现场

a）塔吊臂架焊接现场

b)

c)

图 1-25　激光视觉焊缝系统应用现场（续）

b）行车横梁焊接现场　c）节能环保滚筒焊接

　　自行研制的激光视觉焊缝跟踪系统按功能来分，主要由两部分组成，首先是图像采集部分，包括半导体激光器、窄带滤光片、USB 工业摄像机、PC 主板和触摸屏，其次是控制部分，由十字形导轨机构、步进电动机、电动机驱动器和 PLC 控制器组成，如图 1-26 所示。

　　焊接过程中，摄像机安装在焊枪前方，并且与之保持固定的相对位置。系统工作时，激光器发出的一字形激光投射到反光镜上，然后反射到工件表面，形成一条宽度为 0.5 ～ 1.5mm，且与焊接方向垂直的激光条纹，经过窄带滤光片滤除激光波长以外的光，摄像机镜头即可摄取到焊接坡口的焊缝图像。摄像机摄取的图像经 USB 通信线送至计算机并保存在内存中，经过实时图像处理后，提取焊缝坡口中心位置，并计算出偏差值，通过串口通信送给 PLC 控制器，PLC 控制器依据实时读取的偏差信息进行纠偏运算，最后将控制信息以脉冲信号的形式输出给电动机驱动器，驱动电动机旋转，使焊枪在十字形导轨的水平和竖直方向上移动，实现对焊缝的跟踪。

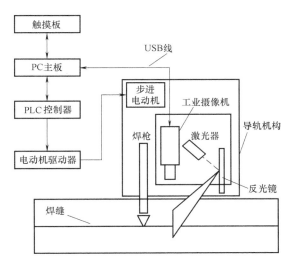

图 1-26　激光视觉传感焊缝跟踪系统的结构

复习思考题

一、填空题

1. _____可以检测出被控对象的参数并转换成易于处理的信号，没有它不可能实现自动检测和控制。

2. 传感器一般由____、____和____组成。

3. 电容式接近开关是利用物体间的____来确定物体位置。当被测物体接近于电容式接近开关表面时，会使其电容极板间____的变化、____的改变或电容平行板间____的变化等，导致检测回路中_____的变化，从而检测到物体的位置。

4. 电容式接近开关内部有____电路，当传感器的_____超过预定阈值时才产生振荡，然后再经过变换，使其成为____，用以确定被检测物体的位置。

5. 电感式接近开关内部有____电路，可产生____，使金属物体内部会产生____，并反作用于接近开关，使接近开关____衰减，因此，通过改变内部电路的参数，使开关状态发生变化，从而识别出金属物体。电感式接近开关也常称为____接近开关。

6. 霍尔式接近开关是利用检测____的有无来检测位置。

7. 光电开关是利用被检测物体对____的遮挡或反射，由同步回路选通电路，从而检测物体有无的。

8. 光电开关是由____、____和____三部分组成的。

9. 差动变压器式位移传感器可以将位移量转变为____。

10. 磁栅式传感器主要由____、____和____组成。

11. 光栅位移传感器由____、____、____和____组成。

12. 增量式编码器由____、____、____和____组成。

13. 绝对式编码器由____、____、____和____组成。

14. 超声波式传感器的焊缝跟踪实际上利用了_____的原理。

第一章　传感器

15. 摆动式电弧传感器是通过比较左右两端到中心之间的____来判断焊枪是否对准坡口中心线。

16. 激光视觉传感系统主要由____、____、____、____等组成。

二、判断题

1. 电感式接近开关只能检测金属材料。 （   ）

2. 电容式传感器可以检测所有固体和液体材料。 （   ）

3. 电容式传感器对金属材料的检测无能为力。 （   ）

4. 接近开关可以直接检测物体的位移。 （   ）

5. 差动变压器式位移传感器输出的是脉冲信号，光栅位移传感器输出的是电压信号。

   （   ）

6. 磁栅传感器和光栅传感器输出的均是脉冲信号。 （   ）

7. 增量式编码器和绝对式编码器是按照角度直接进行编码，能直接把被测角用数字代码表示出来。 （   ）

8. 电极接触式传感可以进行焊缝实时跟踪。 （   ）

9. 探针式传感器对不同形式的坡口可以使用相同的探头。 （   ）

10. 电磁式传感器的左右两个二次线圈的电动势之差可以反映焊枪偏离焊缝的大小和方向。 （   ）

11. 超声波传感器在检测焊缝时，当在坡口的边缘处，超声波从发射到接收的声程时间较长，而在坡口中心处声程时间较短，从而可分别确定坡口中心与边缘的位置。 （   ）

12. 摆动扫描式电弧传感器是通过比较左右两端到中心之间的电流、电压波形来判断焊枪是否对准坡口中心线。 （   ）

13. 旋转式电弧传感器代替了摆动式电弧传感器的原因在于它的旋转频率较高，可达 100 Hz。 （   ）

14. 电弧式传感器可以检测多种焊缝，包括 I 形焊缝。 （   ）

15. 激光视觉式传感器不能检测 I 形焊缝。 （   ）

16. 激光视觉式传感器属于接触式传感。 （   ）

三、简答题

1. 焊接过程中哪些地方需要采用位置、速度传感器，各举一例。

2. 试分析各种焊缝跟踪传感器的优、缺点。

第二章　控制器及执行电动机

第一节　概　　述

随着数控技术与自动化控制理论的不断发展，人们在设计制造或改造某种焊接自动化设备时，已有很多较为成熟的硬件模块可供选用，无需再自行研制相应的硬件电路，这不但可以加快开发焊接设备自动化控制系统的进展，降低其开发与批量生产成本，而且可提高焊接自动化系统可靠性。

一、常用的控制器

1. 单片微型计算机

单片型微型计算机，简称单片机，具有体积小，价格低，RAM、ROM、I/O 接口等资源齐全等显著优点，特别适合用作机电一体化设备或焊接自动化设备的嵌入式微型控制器。近 20 年来，以 MCS-51 系列为代表的各种单片机产品得到了高速发展与应用，已成为工业自动化等方面的重要手段之一。

2. 数字信号处理器

这是一种超大规模集成电路芯片，具有丰富的硬件资源、改进的哈弗结构、高速数据处理能力和强大的指令系统，以美国 TI 公司 TMS320C10 系列为代表的 DSP 产品已广泛应用于工业控制与实时图像处理等领域。

3. 可编程控制器（简称 PLC）

这种工业化控制器基于 32 位单片机，配置有能直接与其他电路连接的数字 I/O 与模拟 I/O 接线端子，组建成 CPU 模块、数字量输入输出模块、模拟量输入/输出模块等电路模块。这些模块使用方便，很容易与存储模块以及稳压电源模块组成焊接自动化系统核心电路。可编程控制器的各种模块已实现工业化批量生产，可靠性高，价格不高，可采用电工熟悉的梯形图进行编程，可接收或输出数字量信号、模拟量信号，对控制信息进行逻辑运算、函数运算乃至 PID（比例、积分和微分）控制算法运算。这些优点使得 PLC 在工业控制中得到广泛应用。十几年来的应用实践也表明，在开发成套焊接自动化设备时，控制系统硬件电路的首选该是 PLC。

二、常用的执行电动机

在工业自动化控制系统中，常用的执行电动机主要有交、直流伺服电动机、步进电动机等，这些执行电动机的驱动电路也都已发展成基于单片机数字控制的电动机驱动器模块，这种电路模块能直接与执行电动机连接，功能强而且使用方便可靠。

第二节 单 片 机

一、单片机概述

单片机是指将中央处理器 CPU、随机存储器 RAM、只读存储器 ROM、中断系统、定时器/计数器、I/O 接口等半导体集成电路芯片集成在一块电路芯片上的微型计算机。

单片机的主要特点是实现了微机电路结构的超小型化，其电子集成度达到每片集成 2 万个以上晶体管，其体积小，价格低，RAN、ROM、I/O 接口等资源齐全，特别适合用作机电一体化设备、智能化仪器、仪表以及现代家用电器的控制核心。单片机还有以下特点：

1. 可靠性好

芯片本身是按工业环境要求设计的，抗干扰性好。

2. 易扩展

片内具有计算机正常运行所必需的部件。芯片外有许多供扩展用的三总线及串、并行输入/输出引脚。

3. 控制功能强

单片机具有较丰富的指令系统。其逻辑控制功能及运行速度均高于同一档次的微处理器。

自从 1974 年 12 月美国仙童（Fairchild）公司第一个推出 8 位单片机 F8 以来，单片机以惊人的速度不断向前发展，从 4 位机、8 位机发展到 16 位机、32 位机，集成度越来越高，应用范围越来越广。到目前为止，已有 70 多个系列的 500 多种单片机相继诞生，国际上主要的单片机厂商有美国的 Intel 公司、Motonda 公司、Zilog 公司、美国国家半导体公司以及日本的东芝公司、富士通公司等。

下面主要介绍常用的 AT89S 系列单片机。

二、AT89S 系列单片机介绍

AT89S 系列单片机有 AT89S51、AT89S52、AT89S53 和 AT89S8252 四种机型，其芯片内部结构基本相同，仅部分电路模块功能略有不同。AT89S51 是这个系列的基本型，它将通用CPU 和在线可编程 Flash 存储器集成在一个芯片上，形成功能强大、使用灵活和具有较高性价比的单片机，其主要特性及功能如下：

1）8 位 CPU，内含 4KBFlash 程序存储器，可在线编程，擦写周期可达 1000 次。

2）内含 128 字节的 RAM。

3）具有 4 个 8 位并行 I/O 接口，共 32 根线；2 个 16 位可编程定时/计数器。

4）具有 6 个中断源，5 个中断矢量，2 级中断优先级的中断结构系统。

5）全双工串行通信口。

6）具有片内看门狗定时器。

7）26 个特殊功能寄存器。

8）具有两个数据指针 DPTR0 和 DPTR1。

9）具有在线可编程功能 ISP 端口。

10）具有断电标志 POF。

11）具有掉电状态下的中断恢复模式。

12）具有低功耗节电运行模式。

13）振荡器和时钟电路稳定，工作主频为 0～33MHz。

14）电源电压范围为 DC4.0～5.5V。

三、AT89S51 单片机结构

AT89S51 单片机结构框图如图 2-1 所示。单片机内部最核心的部分是 CPU，其主要功能是产生各种控制信号，利用各种特殊功能寄存器设置控制字及反映控制状态，从而控制存储器、输入/输出端口进行数据传送、数据算术及逻辑运算和位操作处理等。单片机的 CPU 从功能上可分为运算器和控制器两部分。

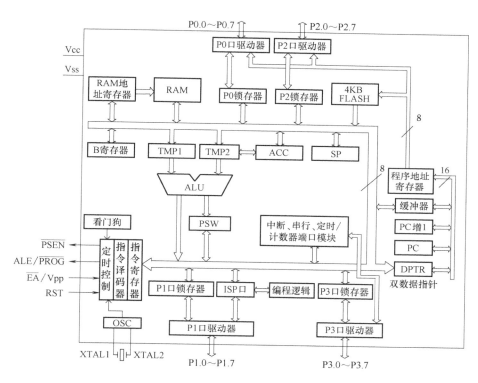

图 2-1　AT89S51 单片机结构框图

1．控制器

控制器由定时控制，时序电路，指令译码器，指令寄存器，程序计数器 PC，双数据指针 DPTR0、DPTR1 及转移逻辑电路等组成。控制器是单片机的指挥中心，是发布操作命令的机构。其功能是取出程序存储器的程序指令进行译码，通过定时控制电路，按照规定的时间顺序发出各种操作所需的全部对内和对外控制信号，使各部件协调工作，完成程序指令所规定的功能。

2．运算器

AT89S51 单片机运算器包括算术/逻辑运算部件 ALU，累加器 ACC，寄存器 B，暂存器 TMP1、TMP2，程序状态寄存器 PSW，堆栈指针 SP，布尔处理器等。运算器的主要功能是实现数据的算术和逻辑运算、十进制数调整、位变量处理及数据传送操作等。

四、AT89S51 单片机引脚排列及功能

AT89S51 单片机有 3 种不同的封装，即 PDIP、PLCC 和 TQFP，其有效引脚为 40 条，下面以 PDIP（双列直插式，见图 2-2）封装为例简述各引脚功能。

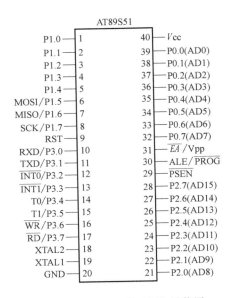

图 2-2　AT89S51 的 PDIP 封装图

1. 主电源引脚

V_{CC}（40 脚）：直流电源供电电压 4.0 ~ 5.0V。

V_{SS}（GND 20 脚）：电源负极（即电源地电平）。

2. 振荡器电路外接晶振引脚

XTAL1（19 脚）、XTAL2（18 脚）：当使用片内振荡器的时钟电路方式时，电路接法如图 2-3 内部时钟电路方式所示，C1、C2 为微调电容，通常取 20 ~ 30PF，以保证振荡器电路的稳定性及快速性，同时要求在设计电路板时，晶振和电容应尽量靠近单片机芯片，以减小分布电容所引起对振荡电路的影响。图 2-4 为使用外部振荡器的时钟电路方式，使用该时钟电路方式时，高低脉冲电平持续时间应不短于 20ns，否则工作不稳定。

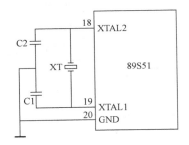

图 2-3　内部时钟电路方式

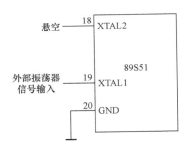

图 2-4　外部时钟电路方式

3. 多功能 I/O 接口引脚

P0 口（39 ~ 32 脚）：P0 口是一个 8 位漏极开路并行双向 I/O 端口。它可以作为通用I/O 接口，但每个引脚须外接上拉电阻。当作输出口时，每个引脚能以吸收电流的方式驱动 8 个 LSTTL 负载；当作为输入口时，须首先将引脚内的输出锁存器置 1。

P0 口在系统需要功能外扩展时，可用作访问外部程序存储器和数据存储器时的低 8 位地址线/数据总线的分时复用线，在该模式下工作，引脚不用外接上拉电阻。

在 Flash 存储器编程时，P0 口接收程序代码字节数据输入；在编程校验时，P0 口输出代码字节数据，此时引脚需要外接上拉电阻。

P1 口（1 ~ 8 脚）：P1 口是一个内接上拉电阻的 8 位并行双向 I/O 端口。它可作为通用 I/O 口，当作输出口时，每个引脚可驱动 4 个 LSTTL 负载；当作输入口时，须首先将引脚内的输出锁存器置 1。

在 Flash 并行编程和校验时，P1 口可输入低字节地址信息。在串行编程和校验时：

P1.5（6 脚）：MOSI（串行指令输入）。

P1.6（7 脚）：MISO（串行数据输出）。

P1.7（8 脚）：SCK（串行移位脉冲控制端）。

P2 口（21～28 脚）：P2 口是一个内接上拉电阻的 8 位并行 I/O 端口，它可作为通用I/O口，作输出口时，每个引脚可驱动 4 个 LSTTL 负载，用作输入口时，须首先将引脚内的输出锁存器置 1。

P2 口在系统外扩展时，可以用作访问外部程序存储器和数据存储器的高 8 位地址总线。

在 Flash 存储器并行编程和校验时，P2 口可输入高字节地址信息，P2.6、P2.7 作控制位。

P3 口（10～17 脚）：P3 口具有内部上拉电阻的 8 位双向并行端口，它可以作为通用I/O口，作输出口时，每个引脚可驱动 4 个 LSTTL 负载，用作输入口时，须首先将引脚内的输出锁存器置 1。

在 Flash 存储器编程和校验时，P3.3、P3.6、P3.7 可作控制位。

P3 口还具有如下功能。

P3.0：RXD（串行口输入端）。

P3.1：TXD（串行口输出端）。

P3.2：$\overline{INT0}$（外部中断 0 信号输入端）。

P3.3：$\overline{INT1}$（外部中断 1 信号输入端）。

P3.4：T0（定时器/计数器 0 外部计数脉冲输入端）。

P3.5：T1（定时器/计数器 1 外部计数脉冲输入端）。

P3.6：$\overline{WR}$（外部数据存储器的写选通）。

P3.7：$\overline{RD}$（外部数据存储器的读选通）。

4. 复位、控制和选通引脚

RST（9 脚）：单片机复位输入端，高电平有效。在单片机上电后，振荡器稳定有效运行的情况下，若 RST 端脚能维持两个机器周期（24 个振荡周期）以上的高电平，则可使单片机系统复位有效。当看门狗定时器 WDT 溢出输出时，RST 端脚将输出长达 98 个振荡周期的高电平。

$\overline{EA}/V_{PP}$（31 脚）：双功能引脚，$\overline{EA}$ 为访问内部或外部程序存储器的选择信号端，当$\overline{EA}$接地（低电平）时，CPU 只执行片外程序存储器中的程序；当$\overline{EA}$接 V_{CC}（高电平）时，CPU 首先执行片内程序存储器中的程序（地址单元从 0000H～0FFFH），然后自动转向执行片外程序存储器中的程序（地址单元从 1000H～FFFFH）。

V_{PP} 为片内 Flash 存储器并行编程时的编程电压，一般用 DC12V 加入该引脚。

ALE/$\overline{PROG}$（30 脚）：地址锁存允许/编程脉冲信号端，双功能引脚。当 CPU 访问外部程序存储器或外部数据存储器时，该引脚提供一个 ALE 地址允许信号（由正向负跳变），将低 8 位地址信息锁存在片外的地址锁存器中。

$\overline{PSEN}$（29 脚）：该引脚为外部程序存储器读选通信号，低电平有效。当单片机访问外部程序存储器读取及执行指令代码时，在每个机器周期均产生两次有效的$\overline{PSEN}$信号，但在执行片内程序存储器读取指令码时不产生$\overline{PSEN}$信号。在读写内部 RAM 单元的数据时，也不

产生 $\overline{PSEN}$ 信号。

五、单片机控制系统举例

1. 管板自动焊机的组成

在锅炉的热交换器中管道与管板通常需要焊接连接，而且数量很多，针对管板焊接的特点，需要把持焊枪做圆周运动来完成，根据现场工艺要求，在焊接过程中，需要控制焊接的启弧和灭弧时间，且要求时间控制非常准确。上述焊接方法对于焊工讲是一件强度大、复杂、不容易完成的工作。因此，为了提高和保证焊缝成型效果、焊接效率及焊接质量，降低焊工劳动强度，研制了管板自动焊机（图 2-5）。

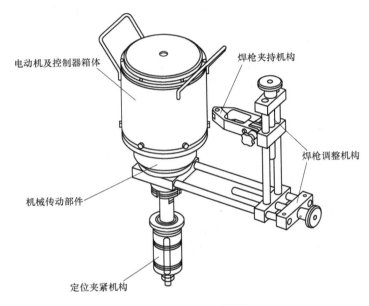

图 2-5　管板自动焊机

管板自动焊机采用立柱式结构形式，其主体结构包括定位夹紧机构、机械传动部件、焊枪夹持机构、焊枪调整机构和电动机及控制器箱体 5 部分组成。

（1）定位夹紧机构　由锥形中心杆、轴套、弧形楔键等构成，主要用于把机头安装在不同的孔径中。

（2）机械传动部件　由两对行星齿轮构成的两级减速器和步进电动机组成，减速器用于传递步进电动机提供的动能，使焊枪做圆周运动，小行星齿轮带动大行星齿轮以增大力矩，保证设备在立焊时提供足够大的力矩。

（3）焊枪夹持机构　以固定某一角度把持并夹紧焊枪，保证焊枪在焊接过程中稳固不动。

（4）焊枪调整机构　用来实现焊枪在竖直和径向两个方向的移动。调整机构通过旋转手轮带动丝杠，使滑块与焊枪夹紧机构一起移动。

（5）电动机及控制器箱体　为圆筒形状，内装有步进电动机及其驱动器、单片机控制系统等，箱体表面嵌有按键和数码管显示。

2. 单片机控制系统设计

根据工艺要求，控制系统要求完成对焊枪的圆周运动和焊枪启弧与灭弧的控制。控制系

统分为硬件部分和软件部分。

根据管板焊机的工作要求，本控制系统主要实现如下功能：

1）焊枪做圆周运动，其旋转角度可调。

2）焊接方式有连续焊接与间歇焊接两类，其中间歇焊接需要控制焊接时间和停焊时间。

3）按键要求可启动、暂停与终止管板焊机的工作以及设置相关参数。

4）显示所设置的参数，焊机工作期间显示焊枪旋转角度。

管板机需设参数见表 2-1 。

表 2-1　管板机参数

参 数 名 称	说　　　明
工作模式	有连续模式、断续模式 0、断续模式 1 共 3 种
旋转角度	焊枪做圆周运动的角度范围为 0～720°
补偿旋转角度	角度范围为 0～20°
焊枪延迟转动时间	启动时，延时一定时间，待电弧稳定之后才开始转动焊枪
焊接时间	时间范围为 0.1～2.0s
停焊时间	时间范围为 0.1～2.0s

3. 单片机控制系统硬件设计

根据上述功能要求，管板自动焊接单片机控制系统设计如图 2-6 所示。

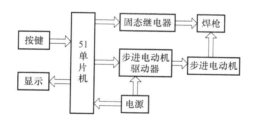

图 2-6　管板自动焊单片机控制系统

系统以单片机为核心，单片机型号为 AT89SS52，内置 8KB flash；选用 24V 直流电源，用于给单片机、步进电动机及其驱动器供电；采用 4 个按键，其用途分别为启/停键、暂停键以及两个 "＋" 与 "－" 设置键；采用 4 位数码管显示，其中最高位数码管用于区分参数类型，低三位为用于数值显示；固态继电器用于电气隔离，控制焊枪的烧弧与熄弧；步进电动机及其驱动器用于控制焊枪做圆周运动，由单片机定时器产生脉冲信号通过 I/O 引脚输出，经步进电动机驱动器信号放大后送给步进电机。

4. 单片机控制系统软件设计

系统软件采用模块化、结构化的设计思想，采用 C51 编程语言完成。整个程序包括初始化子程序、焊接流程控制子程序、定时中断子程序、按键扫描子程序、数码管显示子程序等。

下面给出焊接流程控制的程序设计思路。

根据焊接工艺要求和焊接操作规程，管板自动焊接系统控制流程分为初始状态、引弧状态、焊接状态、暂停状态和停止状态共 5 种状态。

1）系统通电后自动进入初始状态，在该状态下，可以修改设置的焊接参数变为有效。

2）引弧状态考虑到起弧时可能会出现电流、电压不稳定，保护气体不足等因素造成焊接缺欠，因此，起弧时焊枪不立即启动旋转，而是延迟一定时间，待到稳定后才启动旋转，以保证焊接质量。

3）根据焊接工艺要求不同，焊接状态工作模式分为三种，分别是连续模式、断续模式 0、断续模式 1。其中，连续模式是指焊枪将根据设定焊接旋转角度连续地焊接焊缝；断续模式 0 是指焊枪将根据设定旋转角度断续地焊接焊缝，焊接期间焊枪也始终在移动，直到焊接旋转角度完成，其焊接与停焊时间可以调节；断续模式 1 是指焊枪将根据设定旋转角度断续地焊接焊缝，停焊时焊枪停止旋转，引焊后焊枪从停止点继续旋转，其焊接与停焊时间可以调节。

4）暂停状态有两种模式，一种是手动暂停、另一种是自动暂停，针对断续模式 1 而定义的。

5）当焊接完成或焊接过程中需要按下启停键终止焊接，则进入停止状态。处在该状态时设置复位相关参数并进入初始状态。

管板自动焊机的控制流程如图 2-7 所示。

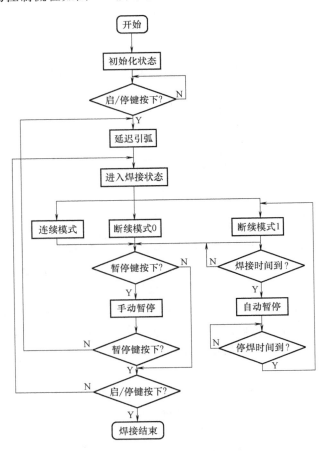

图 2-7　管板自动焊机的控制流程

第三节　可编程序控制器

一、可编程序控制器的概述

可编程序控制器是以微处理器为核心，综合计算机技术、自动控制技术和通信技术发展起来的一种新型工业自动控制装置。它采用可编程序存储器作为内部指令记忆装置，具有逻辑、排序、定时、计数及算术运算等功能，并通过数字或模拟输入/输出模块控制各种形式的机器及过程。因为早期的可编程序控制器（Programmable Controller，PC），只是用于基于逻辑的顺序控制，所以称为可编程序逻辑控制器（Programmable Logic Controller），简称PLC。随着现代科学技术的发展，可编程控制器不仅仅只是作为逻辑的顺序控制，而且还可以接收各种数字信号、模拟信号，进行逻辑运算、函数运算和浮点运算等。更高级的可编程序控制器还能进行模拟输出，甚至可以作为PID控制器使用，但习惯上还是将可编程序控制器简称为PLC。

目前PLC广泛应用于石油、化工、冶金、采矿、汽车、电力等行业。在焊接自动化领域的应用越来越普遍。PLC与数控机床、工业机器人并称为加工业的三大支柱。

二、可编程序控制器的特点

1. 可靠性高，抗干扰能力强

工业生产对控制设备的可靠性提出很高的要求，既要有很强的抗干扰能力，又能在恶劣环境中可靠地工作，平均故障间隔时间长，故障修复时间短。由于PLC本身不仅具有较强的自诊断功能，而且在硬件、软件上均采取了一系列措施以提高其可靠性，因此PLC控制优于一般的微机控制。

2. 控制程序可变，具有很好的柔性

在生产工艺流程改变或生产线设备更新的情况下，一般不必更改PLC的硬件设备，只需修改"软件程序"就可以满足要求。因此，PLC在柔性制造单元（FMC）、柔性制造系统（FMS），以及工厂自动化（FA）中被大量采用。

3. 编程简单，使用方便

目前大多数PLC均采用继电器控制形式的"梯形图编程方式"，既继承了传统控制线路清晰、直观的特点，又考虑到大多数工矿企业电气技术人员的读图习惯和微机应用水平，所以PLC控制易于接受，使用方便。

4. 功能完善

现代PLC具有数字和模拟量输入/输出、逻辑和算术运算、定时、计数、顺序控制、功率驱动、通信、人机对话、自检、记录和显示等功能，使设备控制水平大大提高，在很多场合可以替代微机控制。

5. 扩展方便，组合灵活

PLC产品具有各种扩展单元，可以方便地根据控制要求进行组合，以适应控制系统对输入/输出点数、输入/输出方式以及控制模式的需要。

6. 减少了控制系统设计及施工的工作量

由于PLC主要是采用软件编程来实现控制功能，因此其硬件电路及布线非常简单，从而大大减少了设计及施工的工作量。PLC又能事先进行模拟调试，减少了现场的工作量。

PLC 监视功能很强，又采用模块功能化，从而减少了系统维修的工作量。

7. 体积小、质量轻、节能

一台收录机大小的 PLC 具有相当于 3 个 1.8m 高继电器柜的功能，两者相比，PLC 可以节电 50% 以上。

三、可编程序控制器的组成

PLC 的基本配置由主机、I/O 扩展接口及外部设备组成。主机和扩展接口采用微机的结构形式。主机内部由运算器、控制器、存储器、输入单元、输出单元以及接口等部分组成，如图 2-8 所示。

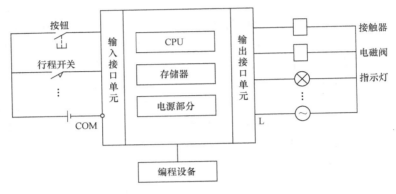

图 2-8　PLC 的组成

1. 中央处理器（CPU）

PLC 的 CPU 包括运算器、控制器。CPU 在 PLC 中的作用类似于人体的神经中枢，是 PLC 的运算、控制中心，用来实现逻辑运算、算术，并对全机进行控制。

2. 存储器

存储器简称内存，用来存储数据或程序。它包括可以随机存取的存储器（RAM）和在工作过程中只能读出、不能写入的只读存储器（ROM）。

PLC 配有系统程序存储器和用户程序存储器，分别用以存储系统程序和用户程序。

3. 输入/输出（I/O）模块

I/O 模块是 CPU 与现场 I/O 设备或其他外部设备之间的连接部件。PLC 提供了各种操作电平和具有输出驱动能力的 I/O 模块以及各种用途的 I/O 功能模块供用户选用。

4. 电源

PLC 配有开关式稳压电源的电源模块，用来对 PLC 的内部电路供电。

5. 扩展接口

扩展接口用于将扩展单元或功能模块与基本单元相连，使 PLC 的配置更加灵活，以满足不同控制系统的需要。

6. 通信接口

为了实现"人-机"或"机-机"之间的对话，有些 PLC 会配有相应通信接口。PLC 通过这些通信接口可以与显示设定单元、触摸屏、打印机相连，提供方便的人机交互途径；也可以与其他 PLC、计算机以及现场总线网络连接，组成多机系统或工业网络控制系统。

7. 编程设备

编程设备可以是专用的手持式编程器，或是安装了编程软件的计算机，它们用来生成、编辑、检查和修改用户程序，还可以用来监视用户程序的执行情况。

四、可编程序控制器在焊接自动化中的应用

在焊接中厚板或宽焊缝时，需要把持焊枪做横向左右反复摆动，为了获得良好的焊缝成形效果，摆动过程中，对焊枪摆速、摆幅及左右停顿都有严格要求，采用手工操作复杂而不易完成。为了提高焊缝成形效果、焊接效率及焊接质量，降低焊工劳动强度，人们设计了焊枪自动摆动器。

1. 摆动器功能要求

摆动器要求实现焊枪以中心位置进行直线左右摆动，其中摆速、摆幅及左右停顿时间三个参数可调；具有手动/自动功能：手动时，按下"左键"则焊枪向左移动，按下"右键"则焊枪向右移动；自动时，按照已设定的摆速、摆幅及左右停顿时间三个参数进行摆动，直到按下停止键时才停止摆动；摆动中心位置可调，有左右限位功能；焊枪处于位于摆动范围内的任意位置均可启动自动摆枪，且能够停止于中心位置。其具体技术参数要求如下：

1）输入电压：单相交流 220V、50Hz。

2）焊枪上下可调量：50mm。

3）摆动中心位置范围可调：以行程中心位置左右可偏移 0～30mm。

4）焊枪左右摆幅调整量：0～50mm。

5）焊枪摆速范围：0～30mm/s。

6）焊枪左/右侧停顿时间：0.0～5.0s。

2. 摆动器硬件设计

（1）摆动器机械结构组成　摆动器机械结构组成主要包括机壳、导向杆、滑块、焊枪、焊枪固定块、滚珠丝杠、连接法兰盘和步进电动机等组成，如图 2-9 所示。

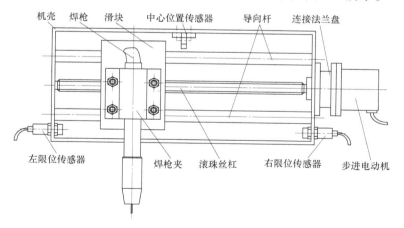

图 2-9　焊枪摆动器机械结构示意图

（2）摆动器控制系统　焊枪摆动器控制系统如图 2-10 所示，主要由电源部分、PLC 控制器、文本显示器、步进电动机及其驱动、限位开关和摆动中心传感器等组成。各组成部分被封装在一个长方体金属壳中。

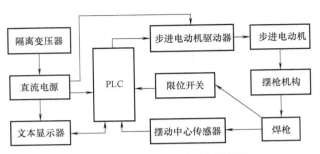

图 2-10　焊枪摆动器控制系统图

1）电源部分。电源部分包括隔离变压器和开关电源。隔离变压器一方面用于抑制杂波干扰传入控制回路，另一方面用于保护人身安全；开关电源用于给 PLC、文本显示器和步进电动机驱动器等供电，其输入交流电源电压范围为 100～300V，其输出为 24V 直流电。

2）PLC 控制器。PLC 控制器为控制系统的核心部件，选用西门子 S7-200 CPU221 PLC，有 6 点输入、4 点晶体管输出，其中有 2 路最大可达 20kHz 脉冲输出端口，完全满足焊枪摆动要求。

3）文本显示器。文本显示器选用型号为 MD204L-V4 的显示器，输入电压为 24VDC，可以与 PLC 通过串口通信电缆通信。通过文本显示器上的功能键、数字键等对摆动器进行摆动过程的操作，如手动、自动和停止等操作，或设置及监控摆动的相关参数如摆幅、摆速及和左右停滞时间等参数。

4）步进电动机及其驱动。步进电动机选用台湾 OPG 57BYGH748 两相混合式步进电动机，其相电流额定值为 3A，静力矩达 14。驱动器选用成都 leetro DMD605 型驱动器，采用纯正弦波电流控制技术，具有体积小、输出电流大、电动机运行噪声低、发热小，效率高的特点。

5）中心位置传感器。中心位置传感器选用欧姆龙 EE-SX672A 型光电开关，包含发光器和受光器的光耦传感器，如图 2-11 所示。

使用时，将中心位置传感器固定于机壳上端的内壁，位置可以在摆动范围附近调整。遮光片安装于滑块上，中间开有 0.5～1mm 宽的透光缝，由滑块带动在 U 形槽间自由移动。当滑块移动使透光缝位于 U 形槽中间位置时，发光器发出的光刚好穿过该缝隙投射到受光器，使光电管导通，在其他位置时因不透光不能使光电管导通，从而分辨出摆动中心。

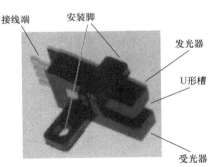

图 2-11　中心位置传感器实物

6）限位传感器。用于检测摆动的左右极限位置。选用电涡流式接近开关，型号为 PR08-2DN，输入电压为 24VDC，安装于摆动器机壳两侧。

I/O 分配见表 2-2。

3. 摆动器软件设计

S7-200 PLC 本机上有 2 个高速脉冲输出口，分别为 Q0.0 和 Q0.1，利用这两个输出口，通过高速脉冲指令 PLS 的 PTO 功能来实现脉冲输出的控制，从而对步进电动机进行调速。

表 2-2　I/O 分配方式

输　　入		输　　出	
I0.0	中心位置信号	Q0.0	脉冲输出
I0.1	左限位信号	Q0.2	方向信号
I0.2	右限位信号		

PTO 为指定的脉冲数和指定的周期提供方波（50% 占空比）输出。它可提供单脉冲串或多脉冲串，其周期范围从 10μs 至 65，535μs 或从 2ms 至 65，535ms（与选择时基有关），其脉冲计数范围从 1 至 4294967295 次脉冲。状态字节（SM66.7 或 SM76.7）中的 PTO 空闲位表示编程脉冲串已完成，另外，也可在脉冲串完成时激活中断例行程序。

（1）摆速控制方法　步进电动机的调速是通过改变 PLC 输出脉冲的频率 f（单位时间内产生的脉冲数，单位为 Hz）大小来实现的，而功能要求参数摆速单位为 mm/s，两者单位不一致，因此需要进行转换。摆速计算公式如下：

$$v = \frac{lf}{200m} \tag{2-1}$$

式中，l 为丝杠螺距，单位为 mm/r；200 是指步距角为 1.8° 的步进电动机旋转一周需要转动的步数；m 为步进电动机驱动器的细分数。

由式（2-1）可以求出所设摆速对应步进电动机的频率：$f = 200mv/l$，由于 PLC 使用周期 T（单位为 s）来表示输出脉冲速率，因此，该式改为

$$T = \frac{l}{200mv} \tag{2-2}$$

将计算所得的周期 T 值赋给 PLC 中的寄存器 SMW68。

（2）摆幅控制方法　步进电动机工作时，每得到一个脉冲，步进电动机走一步，因此可以采用脉冲计数法对摆幅进行控制。

摆幅 A（单位为 mm）可以用下式来计算

$$A = \frac{ln}{200m} \tag{2-3}$$

式中，m 为步进电动机驱动器的细分数；n 为脉冲个数。由式（2-3）得计算脉冲个数 n 的公式

$$n = \frac{200mA}{l} \tag{2-4}$$

将计算所得的脉冲个数 n 值赋给 PLC 中的寄存器 SMD72。

（3）左右停顿时间控制　左右停顿时间采用中断定时器 T96 或 T32 来实现。当焊枪摆动摆至所设摆幅时，即脉冲输出完成时，启动定时器开始计时。

（4）焊枪摆动过程控制程序设计　系统控制程序主要由主程序和中断子程序组成。

主程序包括初始化程序、摆枪操作控制程序。初始化主要完成摆枪参数、功能寄存器及各变量的初始化。摆枪操作控制程序主要完成手动操作焊枪和自动摆枪。主程序流程图如图 2-12 所示。

焊枪摆动是以某点为中心进行往复运动，摆动应以中心位置开始且结束于该位置。开始摆动时，由于焊枪不一定处于中心位置，因此首先搜索中心位置，搜索时焊枪可以向左或向右先移动，若先检测到中心位置则进入"摆动状态"，若先检测到极限位置则向相反方向移

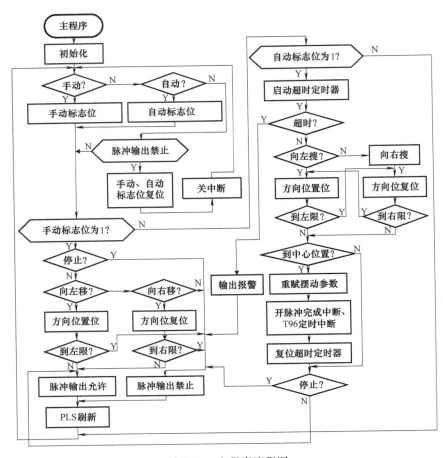

图 2-12　主程序流程图

动继续搜索，直到搜索到中心位置为止。为了防止出现因故障而造成无限次、长时间搜索这一情况，可以采用有限搜索次数或定时的方法解决。

　　焊枪摆动采用的是步进电动机，有时会出现"丢步"现象，为了避免连续丢步而出现累积误差，每次检测到中心位置时均要对摆幅进行重新计数，即对脉冲输出个数重新赋值，这样，丢步的影响仅局限于某一次摆动。类似地，当焊枪摆离中心位置并完成摆幅，即将摆向中心位置时，也应要对摆幅进行重新计数，且对脉冲输出数所赋的值应大于摆离时所赋的值，否则，可能会因步进电动机"丢步"而使焊枪回不到中心位置，造成摆枪异常。

　　中断子程序包括脉冲输出完成中断子程序和 T96 定时中断子程序。中断子程序流程图如图 2-13 所示。

　　焊枪摆离中心位置达到左、右两端时，即脉冲输出完成时，激活中断，并在该中断子程序中启动 T96 定时实现焊枪左/右两端停顿。当 T96 定时时间到时，同样也激活中断，暂停计时，改变焊枪方向，使焊枪摆回中心位置。

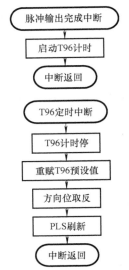

图 2-13　中断子程序流程图

第四节　电动机控制技术

在工业自动化控制系统中，常用的执行电动机主要有直流电动机、交流同步电动机、步进电动机、开关磁阻电动机、交流异步电动机五大类，目前在控制领域中，执行电动机已发展成与模块化驱动器配套使用的机电一体化执行机构，具有很好的实用性与可靠性。焊接自动化控制中常用的有永磁交流同步伺服电动机及其驱动器与步进电动机及其驱动器。

一、步进电动机及其驱动器

步进电动机在构造上有三种主要类型：反应式、永磁式和混合式。

1. 反应式

反应式步进电动机定子上有绕组，转子由软磁材料组成。结构简单、成本低、步距角小（可达 1.2°），但动态性能差、效率低、发热大，可靠性难保证。

2. 永磁式

永磁式步进电动机的转子用永磁材料制成，转子的极数与定子的极数相同。其特点是动态性能好、输出力距大，但这种电动机精度差，步距角大（一般为 7.5°或 15°）。

3. 混合式

混合式步进电动机综合了反应式和永磁式的优点，其定子上有多相绕组、转子上采用永磁材料，转子和定子上均有多个小齿以提高步距精度。其特点是输出力矩大、动态性能好，步距角小，但结构复杂、成本相对较高。

按定子上的绕组来分，共有二相、三相和五相等系列。最受欢迎的是两相混合式步进电动机，占有 97% 以上的市场份额，其原因是性价比高，配上细分驱动器后效果良好。该种电动机的基本步距角为 1.8°/步，配上细分驱动器后其步距角可细分达 256 倍（0.007°）。

步进电动机是数字控制电动机，它将电脉冲转换成特定的旋转运动，即给一个脉冲信号，步进电动机就旋转一个固定角度，每个脉冲所产生的运动是精确的，并可重复。

图 2-14 显示了两相步进电动机的工作原理。步进电动机是按照一定的步进顺序工作的：在第 1 步中，两相定子中的 A 相被通电，因异性相吸，其磁场将转子固定在图 2-14a 所示的位置。当 A 相关闭、B 相通电时，转子顺时针旋转 90°。在第 3 步中，B 相关闭、A 相通电，但其极性与第 1 步相反，这促使转子再次旋转 90°。在第 4 步中，A 相关闭、B 相通电，但其极性与第 2 步相反。如此，重复该顺序使转子按 90°的步距角顺时针旋转。

图 2-14 中显示的步进顺序称为"单相通电"步进。更常用的步进方法是"双相通电"，即电动机的两相一直通电。但是，一次只能转换一相的极性。两相步进时，转子与定子两相之间的轴线处重叠。由于两相一直通电，该方法比"单相通电"步进多提供了 41.1% 的力矩，但输入功率多一倍。

步进电动机的驱动技术已经成熟，目前广泛采用了数字细分驱动技术。采用细分的优点有两个：一是完全消除了电动机的低频振荡，低频振荡是步进电动机的固有特性，而细分是消除它的唯一途径；二是提高了电动机的输出转矩，尤其是对三相反应式电动机，其力矩比不细分时提高 30% ~40%；三是提高了电动机的分辨率。由于减小步距角、提高了步距的均匀度，因而提高了电动机的分辨率。

数字细分驱动器的结构原理如图 2-15 所示。图中，可编程量化的正弦、余弦波形发生

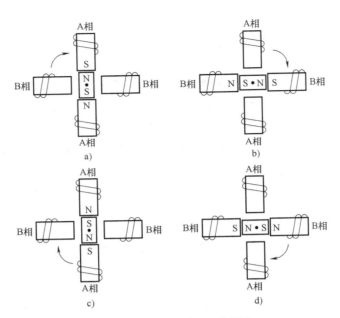

图 2-14　步进电动机工作原理

器的功能是产生驱动电流波形的信号；在此信号作用下，驱动器可输出图 2-16 所示的两相步进电动机系统细分电流波形。

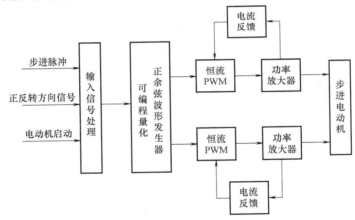

图 2-15　数字细分驱动电路结构原理框图

由图 2-16 可见，通过一相绕组电流逐渐增大，另一相绕组电流逐渐减小，可以使两相步进电动机转子齿相对定子磁极上齿的位移得到细分。也就是说，在细分电流波形作用下，两相电动机的转子不一定就从定子磁极一个齿的对应位置转到下一个齿的对应位置，而是将这一大步分成若干个小步，逐渐完成，这样步进电动机的步距角就得到了细分。

下面以国内 leetro 公司-DMD 605 型步进电动机驱动器产品为例，介绍两相步进电机驱动器的性能特点和使用方法。其外形如图 2-17 所示。

（1）主要性能特点

1）输入电源电压范围：24 ~ 60VDC，具有过压、过流等保护功能。

2）纯正弦波电流控制技术，电动机运行噪声低、发热小。

2 CHAPTER

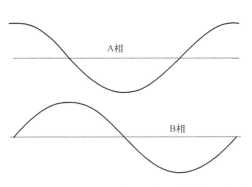

图 2-16　两相步进电动机细分电流波形示意图

图 2-17　步进电动机

3）光隔离差分信号输入，与 TTL 信号兼容；输入信号有步进脉冲控制信号、电动机旋转方向的控制信号及停机信号；脉冲频率可达 360kHz。

4）供电电压可达 60V，具有过压、过流等保护功能。

5）电流大小采用 3 位拨码开关设定，最大驱动电流 5.6A/相（峰值）；电动机静止时自动半流功能。

6）4 位拨码开关调节步进细分数，细分数最高可达 128。

（2）使用方法

1）输入电源电压（24 ~ 60VDC）接驱动器的 DC + 和 DC - 端。

2）驱动器与步进电动机的接线方法如图 2-18 所示。驱动器接线端子 A + 、A - 、B + 、B - 与步进电动机的 A 相和 B 相绕组有串联和并联两种接法。

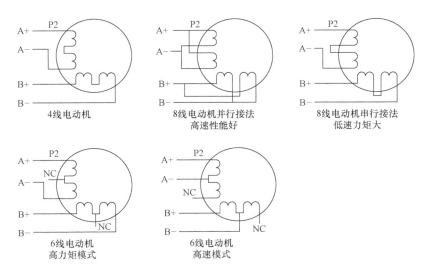

图 2-18　驱动器与步进电动机接线方法

3）控制器与驱动器的接线方法如图 2-19 所示。接线方法有共阴极和共阳极两种接法。

4）驱动器输出电流调节方法。驱动器输出电流大小通过拨码开关 SW1、SW2 和 SW3 来设置，驱动器电流值设置见表 2-3，电流调节范围为 1.5 ~ 5.6A。

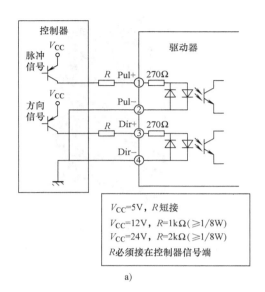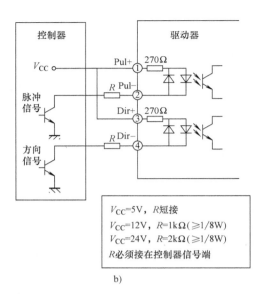

图 2-19　驱动器与控制器接线方法
a）共阴极接法　b）共阳极接法

表 2-3　驱动器电流值设置表

输出电流值	SW1	SW2	SW3
1.5	OFF	OFF	OFF
2.1	ON	OFF	OFF
2.7	OFF	ON	OFF
3.3	ON	ON	OFF
3.9	OFF	OFF	ON
4.5	ON	OFF	ON
5.1	OFF	ON	ON
5.6	ON	ON	ON

5）驱动器细分数调节方法。通过拨码开关 SW5、SW6、SW7 和 SW8 来调节驱动器输出脉冲电流细分数，共 14 个挡位，见表 2-4。

表 2-4　驱动器细分数设置表

细分数	步数/r	SW5	SW6	SW7	SW8
1	200	OFF	OFF	OFF	OFF
2	400	ON	ON	ON	ON
4	800	ON	OFF	ON	ON
8	1600	ON	OFF	OFF	ON
16	3200	OFF	ON	ON	ON
32	6400	OFF	ON	OFF	ON
64	12800	OFF	OFF	ON	ON

细分数	步数/r	SW5	SW6	SW7	SW8
128	25600	OFF	OFF	OFF	ON
5	1000	ON	ON	ON	OFF
10	2000	ON	ON	OFF	OFF
20	4000	ON	OFF	ON	OFF
25	5000	ON	OFF	OFF	OFF
50	10000	OFF	ON	ON	OFF
100	20000	OFF	ON	OFF	OFF

二、永磁同步伺服电动机及其驱动器

随着现代电动机技术、现代电力电子技术、微电子技术、永磁材料技术的飞速发展以及矢量控制理论、自动控制理论研究的不断深入，使得永磁同步电动机伺服控制系统得到了快速发展。由于其调速性能优越，克服了直流伺服电动机机械式换向器和电刷带来的一系列问题，结构简单、工作可靠、易维护保养；体积小、重量轻、效率高、功率因素高、转动惯量小、过载能力强；与感应电动机相比，永磁同步伺服电动机控制简单，不存在励磁损耗等问题，因此在高性能、高精度的伺服传动等领域具有广阔的应用前景。

1. 永磁同步伺服电动机工作原理

永磁同步伺服电动机由定子和转子两部分组成，如图 2-20 所示。定子主要包括电枢铁心和三相（或多相）对称电枢绕组，绕组嵌放在铁心的槽中；转子主要由永磁体、导磁轭和转轴构成。永磁体贴在导磁轭上，导磁轭为圆筒形，套在转轴上；当转子的直径较小时，可以直接把永磁体贴在导磁轴上。转子同轴连接有位置传感器和速度传感器，用于检测转子磁极相对于定子绕组的相对位置以及转子转速。

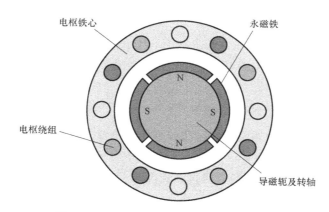

图 2-20　永磁同步伺服电动机的内部结构

当永磁同步伺服电动机的电枢绕组中通过对称的三相电流时，定子将产生一个以同步转速推移的旋转磁场。在稳定情况下，转子的转速恒为磁场的同步转速。于是，定子旋转磁场与转子的永磁体产生的主极磁场保持静止，它们之间相互作用，产生电磁转矩，拖动转子旋转，进行机电能量转换。当负载发生变化时，转子的瞬时转速就会发生变化，这时，如果通过传感器检测转子的位置和速度，根据转子永磁体磁场的位置，利用逆变器控制定子绕组中

电流的大小、相位和频率，便会产生连续的转矩作用到转子上，这就是闭环控制的永磁同步电动机的工作原理。

根据电动机的具体结构、驱动电流波形和控制方式不同，永磁同步伺服电动机具有两种驱动模式：一种是方波电流驱动的永磁同步伺服电动机；另一种是正弦电流驱动的永磁同步伺服电动机。前者称为无刷直流电动机，后者成为永磁同步交流伺服电动机。无刷直流电动机在相与相之间交换时，有电流跃变导致过电压、转矩脉动等缺点，而交流伺服电动机克服了这些问题，因而是更为理想的伺服电动机。

2. 驱动器工作原理

交流伺服电动机本身无法单独工作，必须与交流伺服电动机驱动器配套工作。交流伺服电动机驱动器采用了矢量控制技术，这一新技术从根本上改变了交流伺服电动机的性能，使之具有与直流电动机同样优良的调速、调矩功能。

交流同步伺服电动机的结构特点是：定子上均布三相励磁绕组；电动机转子采用永久磁铁的磁极，并装有与转子同轴的位移传感器，其作用是检测转子磁极与定子各相线圈的相对位置。

如图 2-21 所示，驱动器对交流伺服电动机输出的三相电流 i_A、i_B、i_C，在三相电流的作用下，交流伺服电动机产生一旋转磁场，使转子以角速度 ω 旋转。图 2-21 中的 F_T 为三相定子电流形成的旋转磁场磁动势，F_R 为电动机转子磁场的磁动势，二者之间的相位差为 φ。

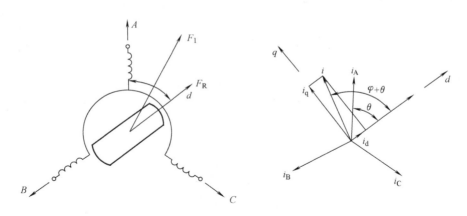

图 2-21　驱动器对交流伺服电动机实现矢量控制的原理

交流伺服电动机驱动器电路是通过位置传感器与位置三角函数产生电路，实时调节相电流 i_A、i_B、i_C 的相位角 θ，使 $\theta = \omega t + 90°$，从而使转子磁场与定子合成磁场的相位差 $\phi = 90°$。这样，交流伺服电动机的磁场空间状态就变成与直流电动机一样的磁场状态，即转子磁场方向垂直于定子磁场方向，使电动机转矩达到最大值，并使转矩 T 与定子电流幅值 I 线性有关，用公式表示为

$$T = K'_T \varphi_T I$$

或
$$T = K'_T I$$

式中，$K_T = K'_T \varphi_T$ 为交流伺服电动机的转矩系数。

这就是矢量控制技术的基本原理，可以说，矢量控制技术是交流电动机控制理论的一个重大突破，此技术还可应用到交流电动机的变频控制器领域。

3. 交流电动机驱动器的使用方法

下面以杭州英迈克电子有限公司的 YMC/HMC 全系列交流伺服驱动器为例，介绍交流电动机驱动器的使用方法。

交流电动机驱动器的外部接线如图 2-22 所示，其接线端口有以下 6 个：

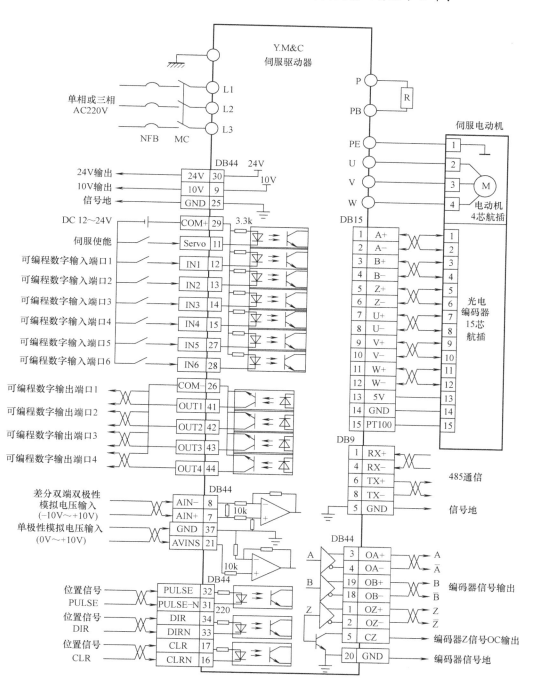

图 2-22　驱动器外部接线

1）电源输入接口。主电源输入单相或三相输入端为 L1、L2、L3。在选用 22V 单相电源的驱动器时，主电源端子只接 L1、L3 端子。

2）电动机接口。U、V、W 为对电动机输出电源接线端子，应连接到交流伺服电动机的 U、V、W 三相绕组端子，电机接地端和驱动器接地端必须连接在一起，并可靠接入大地。

3）制动电路接口。PB、P 为外接制动电阻接线端子，一般情况下，PB、P 端子悬空，不需要外接电阻。外接制动电阻阻值范围为 100～200Ω，功率 100～500W，阻值越小，制动电流越大，所需的制动电阻功率越大，制动能量越大，但阻值太小会造成驱动器损坏。

4）数字/模拟信号输入端子 DB44，其具体功能见表 2-5。

5）旋转编码器输入端子（DB15），其具体功能见表 2-6。

6）四线制 RS485 通信端子（DB9），其具体功能见表 2-7。

表 2-5　数字/模拟信号输入端子 DB44

信号类型	编号	端子名称	记号	说　　明
数字量输入	25	数字地	GND	驱动器数字地
	30	24V	24V	内部提供 24V 供电电源，可用作数字输入、输出电路的供电电源。负载电流不得超过 100mA
	29	输入共阳极	COM +	数字输入端口共阳极。用来驱动输入隔离光耦的正极，DC12～24V，电流≤100mA
	11	伺服使能	Servo	伺服使能输入端子，Servo ON/OFF Servo ON：允许驱动器工作 Servo OFF：驱动器关闭，停止工作 有自锁信号时，电动机处于自锁状态
	12	可编程数字输入端口	IN1	可编程数字输入端口，具体功能可单独设置。接口电路和可选功能见说明书 3.6.1
	13		IN2	
	14		IN3	
	15		IN4	
	27		IN5	
	28		IN6	
数字输出	41	可编程数字输出端口	OUT1	可编程数字输出端口，具体输出信号可单独设置。接口电路和可选功能见说明书 OUT1、OUT2 最大负载电流 100mA，最大电压 24V OUT3、OUT4 最大负载电流 30mA，最大电压 30V
	42		OUT2	
	43		OUT3	
	44		OUT4	
	26	输出共阴极	COM −	数字输出端口共阴极
	25	数字地	GND	驱动器数字地
模拟量输入输出	9	10V	10V	内部 +10V 模拟电路供电电源 负载不应超过 100mA
	37	模拟地	GNDA	驱动器模拟地
	7	差分双端双极性输入	AIN +	差分双端、双极性模拟电压输入 双端差分连接时，输入电压范围：−5～5V
	8		AIN −	一端接时，输入电压范围：−10～10V

（续）

信号类型	编号	端子名称	记号	说明
模拟量输入输出	21	单极性输入	AVINS	单极性模拟电压输入，参考点为 GNDA 输入电压范围:0～10V
	6	模拟电压输出	DAOUT	模拟电压输出，参考点为 GNDA 输出电压范围: -10～10V 输出信号可根据需要在参数中设置
	24	PT100	PT100a	电动机温度传感器输入端，无极性 如电动机温度传感器已经通过编码器接口接入，此二脚不接。电动机温度传感器型号为 PT100
	36	模拟地	PT100b（GNDA）	如电动机未安装温度传感器，则必须在二脚间接入一个 100Ω 左右 1/4 W 的电阻，否则驱动器会认为电机温度过热
编码器信号输出	3	编码器A相输出	OA +	分频后的编码器 A 相+信号输出
	4		OA -	分频后的编码器 A 相-信号输出
	19	编码器B相输出	OB +	分频后的编码器 B 相+信号输出
	18		OB -	分频后的编码器 B 相-信号输出
	1	编码器Z相输出	OZ +	编码器 Z 相+信号输出
	2		OZ -	编码器 Z 相-信号输出
	5	Z相集电极输出	CZ	编码器 Z 相集电极输出
	20	信号地	GND	编码器信号地
编码器位置控制信号输入	32	位置脉冲A相信号输入	Pulse +	驱动器可以接收四种不同的指令脉冲
	31		Pulse -	
	34	位置脉冲B相或方向信号	Dir +	
	33		Dir -	
	17	误差清零信号	CLR +	用户误差清零信号输入 +
	16		CLR -	用户误差清零信号输入 -

指令种类/对应脚位关系（正转、反转）：脉冲+脉冲、脉冲+方向、脉冲-方向、A+B脉冲

表 2-6 编码器输入端子（DB15）

管脚	名称	记号	说明
1	编码器 A 相输入	A +	编码器 A 相+信号输入
2		A -	编码器 A 相-信号输入
3	编码器 B 相输入	B +	编码器 B 相+信号输入
4		B -	编码器 B 相-信号输入
5	编码器 Z 相输入	Z +	编码器 Z 相+信号输入
6		Z	编码器 Z 相-信号输入
7	编码器 U 相输入	U +	编码器辅助信号 U +信号输入
8		U -	编码器辅助信号 U -信号输入
9	编码器 V 相输入	V +	编码器辅助信号 V +信号输入
10		V -	编码器辅助信号 V -信号输入

（续）

管脚	名　称	记号	说　明
11	编码器 W 相输入	W＋	编码器辅助信号 W＋信号输入
12		W－	编码器辅助信号 W－信号输入
13	5V 电源	5V	＋5V 电源供电端
14	5V 地	GND	＋5V 电源参考地，也作 PT100 负端
15	RT1	RT1	PT100 温度传感器正端输入端，负端接地。温度传感器可以接在此处，也可以接在模拟信号输入/输出端口

表 2-7　四线制 RS485 通信端子（DB9）

管　脚	名　称/符号	定　义
1	RX＋	信号接收＋
4	RX－	信号接收－
5	GND	地
6	TX＋	信号发送＋
8	TX－	信号发送－

4. 不同控制模式的接线

（1）位置控制模式的接线　位置控制模式的接线方法如图 2-23 所示。

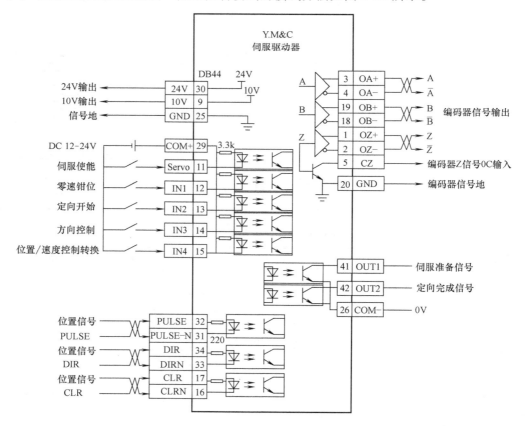

图 2-23　位置控制模式的接线图

（2）速度控制模式的接线　速度控制模式的接线方法如图2-24所示。

（3）转矩控制模式的接线　转矩控制模式的接线方法如图2-25所示。

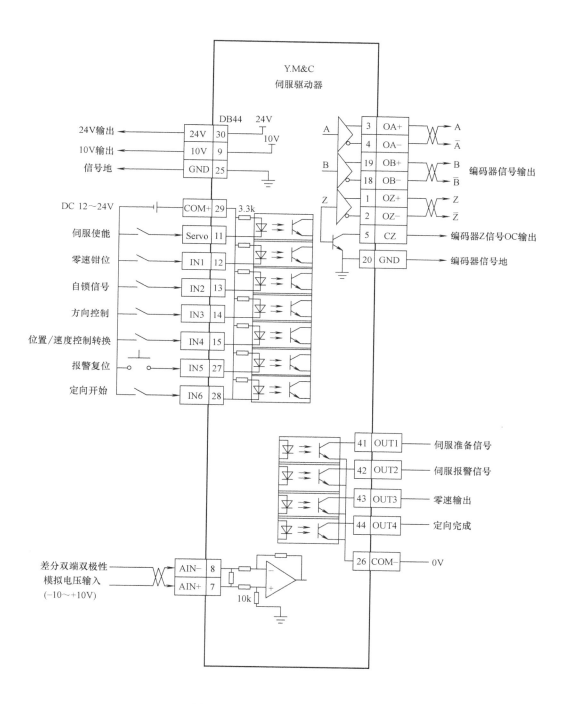

图2-24　速度控制模式的接线图

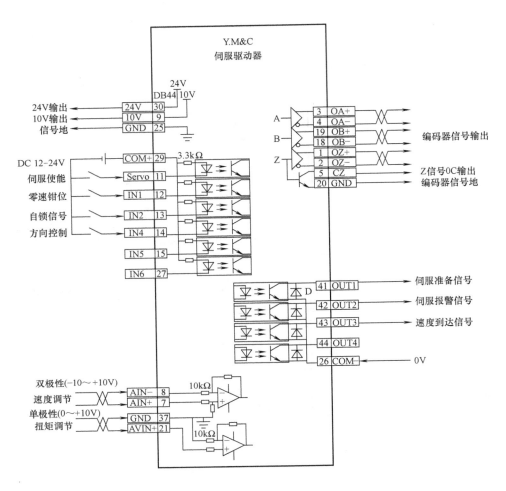

图 2-25　转矩控制的接线图

复习思考题

一、填空题

1. 单片机是指将____、____、____、____、____、____等半导体集成电路芯片集成在一块电路芯片上的微型计算机。

2. ____是单片机的指挥中心，是发布操作命令的机构。

3. 运算器的主要功能是实现数据的____和____、十进制数调整、位变量处理及数据传送操作等。

4. AT89S51 单片机有 4 个 8 路的 I/O 接口，它们分别是____、____、____和____。

5. PLC 的基本配置由____、____及____组成。

二、判断题

1. AT89S51 单片机是 3.5V 供电。　　　　　　　　　　　　　　　　　　　　（　　）

2. P0 口不用外接上拉电阻。　　　　　　　　　　　　　　　　　　　　　　　（　　）

3. P0、P1、P2 和 P3 都有第二种功能。 （　　）

4. 单片机复位输入端，高电平有效。 （　　）

5. 手持式编程器是专门用来生成、编辑、检查和修改用户程序的唯一工具。 （　　）

6. 步进电动机是数字控制电动机，它将电脉冲转换成特定的旋转运动，即给一个脉冲信号。 （　　）

7. 交流伺服电动机与直流电动机提速原理相同，具有同样优良的调速、调矩功能。 （　　）

三、简答题

1. 简述单片机内部控制器的功能。

2. 简述步进电动机的工作原理。

3. 简述永磁同步电动机工作原理。

第三章　机械装置

由于焊接结构的复杂性，为了实现多种复杂形式构件的连接，要求自动化焊接设备能够灵活应用于工厂车间的结构件的预制和野外现场的焊接。为此根据不同的结构件焊接要求，需要开发出适应于各种场合的不同结构形式的自动化焊接机械装置。

第一节　概　　述

一、机械装置的概念及作用

机械装置是用来完成工件装夹、焊接加工自动化运行轨迹实施和变换的焊接设备。通过电气控制、气动控制和液压控制技术，实现对电动机、气动执行元件、液压执行元件的旋转或移动，实现工件焊缝与焊枪的相对运动，从而自动完成焊接工作。

从某种意义上来讲，焊接自动化就是用焊接机械装置代替人工进行焊接操作，从而达到尽可能减少或不用人工操作的目的。机械装置在焊接自动化生产中实施焊接工序的自动化和焊接生产的自动化，主要有如下作用：

1）采用焊接工装夹具，零件由定位器定位，不用划线，不用测量就能得到准确的装配位置，保证装配精度，加快装配作业进程，减轻工人的体力劳动，提高生产效率。

2）能控制或消除焊接变形。

3）提高焊件的互换性，缩短焊件的生产周期。

4）缩短装配和施焊过程中焊件翻转变位的时间，减少辅助工时，提高了焊剂利用率和焊接生产率。

5）可使焊件处于最有利的施焊位置。

6）可扩大焊机的焊接范围。

7）可使手工操作变为机械操作，减少了人为因素对焊接质量的影响。

8）可使装配和焊接集中在一个工位上完成，可减少工序数量，节约车间使用面积。

9）能在条件困难、环境危险、不宜由人工直接操作的场合实现焊接作业。

10）使焊接工序本身实现机械化和自动化，使焊接生产过程实现综合机械化、自动化。

二、机械装置的分类

机械装置按照使用场合和结构特点，主要有机床式焊接装置、焊接机器人、轨道式移动焊接装置以及无轨道式移动焊接装置等。图 3-1 所示为几种常见的自动化焊接装置，其特点如下：

1. 机床式焊接装置

常见于生产车间，主要对中小型待焊零件产品进行焊接，灵活性差，对某些特定零件或

图 3-1　几种常见的自动化焊接装置

a）机床式　b）焊接机器人　c）轨道式　d）无轨道式

特定工艺焊接，效率比较高。

2. 轨道式移动焊接装置

主要用于管道、中小型储罐等构件的焊接，由于轨道安装调整相对比较方便，便于实现野外作业。

3. 无轨道式移动焊接装置

适合于球罐、储罐、造船等大型构件的现场焊接，与轨道式移动焊接机器人比较，灵活性、机动性更大，便于野外的焊接作业，但是对智能控制技术要求更高。

4. 焊接机器人

主要优势是实现了焊接的柔性化，通过示教系统，可以实现各种不规则焊缝和精确点位的焊接，目前广泛应用于汽车焊接生产线。

自动化焊接装置按照工作环境不同，可分为一般环境下常规焊接设备和特种环境下焊接设备。图 3-1 所示的几种装置属于常规焊接设备；特种环境下焊接设备如水下自动化焊接设备。实际上，随着科学技术的发展，人类开始不断地探索太空和海洋，建立空间站，开发海洋资源，针对这种特殊环境开发建设，需要进行特殊环境下焊接装备和相关技术的研究和开发。

三、机械装置的组成

现有的各类自动化焊接机械装置，尽管应用场合、焊接工况各不相同，但是系统构成具有一定的共性，这些机械装置的设备机械结构通常应由以下几部分组成：

1）机架（机座）。

2）焊接机头（简称焊头）及其移动机构。

3）焊件移动或变位机构。

4）焊件夹紧机构。

5）焊头导向或跟踪机构。

6）辅助装置，如送气系统、循环水冷系统、焊丝支架等。

本章重点对机械装置中的焊接夹持装置、机器人、变位机进行介绍。

第二节　焊接机器人

一、焊接机器人简介

1. 定义

焊接机器人是具有三个或三个以上可自由编程的轴，并能将焊接工具按要求送到预定空间位置，按要求轨迹及速度移动焊接工具的机器，包括弧焊机器人、激光焊接机器人、点焊机器人等。

焊接机器人是从事焊接（包括切割与喷涂）的工业机器人。根据国际标准化组织（ISO）工业机器人术语标准焊接机器人的定义，工业机器人是一种多用途的、可重复编程的自动控制操作机（Manipulator），具有三个或更多可编程的轴，用于工业自动化领域。为了适应不同的用途，机器人最后一个轴的机械接口，通常是一个连接法兰，可接装不同工具（又称末端执行器）。焊接机器人就是在工业机器人的末轴法兰上装接焊钳或焊（割）枪的，使之能进行焊接、切割或热喷涂。

随着电子技术、计算机技术、数控及机器人技术的发展，自动弧焊机器人工作站从20世纪60年代开始用于生产，其技术已日益成熟，在各行各业已得到了广泛的应用。焊接机器人主要有以下优点：

1）稳定和提高焊接质量。

2）提高劳动生产率。

3）改善工人劳动强度，可在有害环境下工作。

4）降低了对工人操作技术的要求。

5）缩短了产品改型换代的准备周期，减少相应的设备投资。

2. 工业机器人和焊接机器人的发展

自1959年世界上第一台工业机器人Unimate发明以来，工业机器人经历了50余载的发展：从两轴发展到六轴，驱动方式由早期的液压驱动发展到电动机驱动；控制方法由磁鼓记录控制指令的方式发展到计算机控制，再到由独立控制系统对机器人进行控制的方式；同时也发展出关节型、直角坐标型、圆柱坐标型、极坐标型、球面坐标型等多种机器人结构。工业机器人的应用领域，从最初的汽车行业发展到包括汽车、电子、化工、医疗等在内的多个行业，发挥着不可替代的重要作用；而其胜任的作业类型，也从简单的上料/卸料发展到焊接、喷涂、组装、检测等各个工种，其新增功能和应用领域还在不断增加。焊接机器人是工业机器人的重要分支，自1969年第一批点焊机器人在通用汽车位于美国Lordstown的组装工厂安装运行以来，已发展出分别用于电阻焊、电弧焊、激光焊、电子束焊、搅拌摩擦焊等多种焊接方法的不同型号焊接机器人，其控制形式也由最初的单一机器人的控制发展到多机器

人多轴同步控制，以适应焊接生产的需求。

二、焊接机器人的分类

1. 按机器人自动化技术发展程度分类

根据自动化技术发展程度的不同，工业机器人可分为三类。第一类为示教再现型机器人，属于第一代工业机器人，由操作者将完成某项作业所需的运动轨迹、运动速度、触发条件、作业顺序等信息通过直接或间接的方式对机器人进行"示教"，由记忆单元将示教过程进行记录，再在一定的精度范围内，重复再现被示教的内容，目前在工业中得到大量应用的焊接机器人多属此类。第二类为具有一定智能、能够通过传感手段（触觉、力觉、视觉等）对环境进行一定程度的感知，并根据感知到的信息对机器人作业内容进行适当的反馈控制，对焊枪对中情况、运动速度、焊枪姿态、焊接是否开始或终止等进行修正，属于工业机器人在其自动化技术发展过程中的第二代，采用接触式传感、结构光视觉等方法实现焊缝自动寻位与自动跟踪的焊接机器人就属于这一类；第三类除了具有一定的感知能力外，还具有一定的决策和规划能力，例如能够利用计算机处理传感结果并对焊接任务进行规划，或根据焊接过程中的多信息传感进行智能决策等，该类焊接机器人仍处于研究阶段，尚未见实际应用。

2. 按性能指标分类

按照机器人性能指标的不同，可将其分为不同的类型，见表 3-1。

表 3-1　机器人分类

分　类	负载能力 P	作业空间 V
超大型机器人	$P \geqslant 10^7 \mathrm{N}$	$V \geqslant 10 \mathrm{m}^3$
大型机器人	$10^6 \mathrm{N} \leqslant P < 10^7 \mathrm{N}$	$V \geqslant 10 \mathrm{m}^3$
中型机器人	$10^4 \mathrm{N} \leqslant P < 10^6 \mathrm{N}$	$1 \mathrm{m}^3 \leqslant V < 10 \mathrm{m}^3$
小型机器人	$1 \mathrm{N} \leqslant P < 10^4 \mathrm{N}$	$0.1 \mathrm{m}^3 \leqslant V < 1 \mathrm{m}^3$
超小型机器人	$P < 1 \mathrm{N}$	$V < 0.1 \mathrm{m}^3$

3. 按所采用的焊接工艺方法分类

按照机器人作业中所采用的焊接方法，可将焊接机器人分为点焊机器人、弧焊机器人、搅拌摩擦焊机器人、激光焊机器人等类型。

点焊机器人具有有效载荷大、工作空间大的特点，配备有专用的点焊枪，并能实现灵活准确的运动，以适应点焊作业的要求，其最典型的应用是用于汽车车身的自动装配生产线。

弧焊机器人因弧焊的连续作业要求，需实现连续轨迹控制，也可利用插补功能根据示教点生成连续焊接轨迹，弧焊机器人除机器人本体、示教器与控制柜之外，还包括焊枪、自动送丝机构、焊接电源、保护气体相关部件等，根据熔化极焊接与非熔化极焊接的区别，其送丝机构在安装位置和结构设计上也有不同的要求。

搅拌摩擦焊机器人因其焊接过程中产生的振动、对焊缝施加的压力、搅拌主轴尺寸、垂向和侧向的轨迹偏转等原因对机器人提供的正压力、转矩，以及机器人的力觉传感能力、轨迹控制能力等都提出了较高的要求。

激光焊机器人除了较高的精度要求外，还常通过与线性轴、旋转台或其他机器人协作的方式，以实现复杂曲线焊缝或大型焊件的灵活焊接。

4. 按产业模式分类

世界机器人主要制造国根据其自身工业基础特点和市场需求的不同，分别发展出了具有自身特色的机器人产业模式。

（1）日本模式　以产业链的分工发展、掌握核心技术为特点，由机器人制造商以开发新型机器人和批量生产为主要目标，并由其子公司或其他工程公司来设计制造各行业所需要的机器人成套系统。

（2）欧洲模式　以完成一揽子交钥匙工程为特点，由机器人制造厂商完成机器人的生产，同时也承担用户所需要的系统设计制造。

（3）美国模式　重视集成应用，采取采购与成套设计相结合的方式，美国国内基本不制造普通的工业机器人，企业通常先通过工程公司进口，再自行设计和制造配套的外围设备，进行系统集成，最终将完整的机器人系统提供给客户。

三、焊接机器人的系统特征

1. 工业机器人的一般结构

工业机器人通常由三大部分和六个子系统组成，其中三大部分为机械本体部分、传感器部分和控制部分；六个子系统是驱动系统、机械结构系统、感知系统、机器人环境交互系统、人机交互系统以及控制系统。

机械本体部分根据机构类型的不同可分为直角坐标型、圆柱坐标型、极坐标型、垂直关节型、水平关节型等多种形式。出于对焊接作业灵活性、高效性等要求的考虑，焊接机器人多为关节型机器人，在关节处安装作为执行器的直流（伺服）电动机，驱动机器人各关节的转动。

工业机器人通常采用的传感器主要包括非接触式的视觉传感器与接触式的触觉传感器和力传感器。此外，用于焊接过程传感的电弧传感器、声信号传感器、光谱传感器等也受到焊接机器人研发人员的关注。

控制部分由中央处理控制单元、机器人运动路径记忆单元、伺服控制单元等组成，控制系统由中央处理器接受运动路径的指令和传感器信息，通过各关节坐标系之间的坐标变换关系将指令值传送到各轴，各轴对应的伺服机构对各轴运动进行控制，使得末端执行器根据控制目标进行运动，焊接机器人控制系统的工作原理如图 3-2 所示。

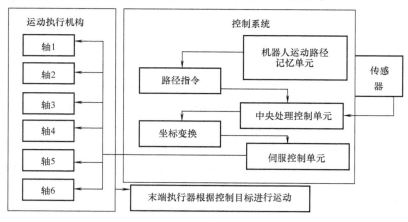

图 3-2　焊接机器人控制系统的工作原理

工业机器人的重要技术指标及其表征内容见表3-2。

表 3-2　工业机器人的重要技术指标及其表征内容

编号	技术指标	表 征 内 容
1	轴数（关节数）	指机器人具有的独立运动关节的个数
2	自由度	通常轴数相同
3	工作范围	指机器人手臂末端或手腕中心运动时所能达到的有效集合点，即不安装末端执行器时可以到达的区域
4	运动学数模	描述了组成机器人的各刚体和关节的运动状态
5	最大工作速度	指机器人主要关节上最大的恒定速度与手臂末端最大的合成速度
6	最大工作加速度	指机器人关节运动的最大加速度
7	负载能力	也称有效负荷，指机器人在工作时臂端可搬运的物体质量或所能承受的力的最大值
8	定位精度	描述了机器人达到指令位置的能力，指在某一指令下机器人末端执行器实际到达的位置与目标位置之间的偏差
9	重负定位精度	指在同一环境、同一条件、同一目标动作或同一条指令下，机器人连续运动若干次重复定位到同一目标的能力。根据 ISO 9283 的规定重复定位精度用多次返回试教点的空间位置标准差来表征
10	运动控制模式	分为点位型和连续轨迹型
11	动力类型	电动机驱动和液压驱动
12	传动形式	轴直接与电动机相连，或通过齿轮传动
13	柔度	指当机器人在力或力矩的作用下，机器人某一轴产生形变造成的角度或位置的变化

2. 焊接机器人系统及结构组成

焊接机器人系统是指由机器人本体、控制柜、示教器、焊接电源与接口电路、焊枪、送丝机构、电力电缆、焊丝盘架、气体流量计、焊枪防碰撞器、控制电缆组成的整体。焊接机器人系统除机器人单体的各个部件外，还包括外部装置电气控制、工装夹具、扩展设备，如外部轴（如变位系统、清枪剪丝器）等。图 3-3 所示为常见焊接机器人的系统组成。

除了以单台机器人为主构成的焊接系统外，还有采用多机器人协作方式的焊接工作站或生产线。

通常所说的焊接机器人主要由机器人本体、控制柜、示教器、机器人底座及相关线缆组成，如图 3-4 所示。

（1）机器人本体　又称操作机，是机器人系统的执行机构，它由驱动电动机（伺服电动机）、高精度减速机（RV 或谐波减速机）、传动机构（同步带、锥齿轮等）、机器人臂、关节以及内部传感器（编码盘）等组成。它的任务是精确地保证末端操作器所要求的位置、姿态和实现其运动，其运动受控于控制柜。

（2）控制柜　控制柜是整个机器人系统的神经中枢，它由计算机硬件、软件和一些专用电路（伺服驱动等）构成，其软件包括控制器系统软件、机器人专用语言、机器人运动学及动力学软件、机器人控制软件、机器人自诊断及自保护软件等。控制柜负责处理机器人工作过程中的全部信息和控制其全部动作。

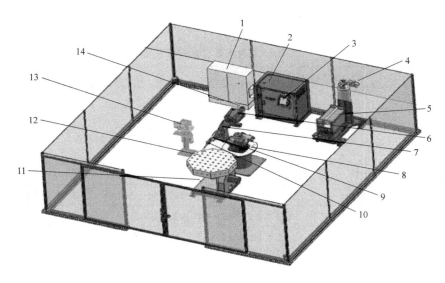

图 3-3　焊接机器人系统组成

1—电气控制系统　2—机器人控制柜　3—示教器　4—气体流量计　5—焊接电源　6—送丝机构
7—机器人本体　8—机器人底座　9—焊枪防碰撞器　10—焊枪　11—变位机
12—工装夹具　13—清枪剪丝器　14—机器人电缆

图 3-4　焊接机器人的组成

1—机器人本体　2—控制柜　3—机器人底座　4—示教器

（3）示教器　示教器是控制系统与操作者的人机界面，具备机器人操作、轨迹示教、编程、控制、显示等功能。

（4）机器人底座　底座是机器人本体固定安装、承重的载体。

3. 焊接机器人的应用环境及适应性要求

焊接机器人在应用环境的特殊性方面不同于一般的通用工业机器人，其应用环境带来的影响主要指施焊过程中的强弧光、高温、复杂电磁环境、烟尘、飞溅、加工或装配误差、焊接热变形、焊件表面状态、电网稳定性、特殊焊接作业所处的极限工况环境等因素。

焊接机器人在适应性上面临的挑战首先是物理环境对各组件（包括运动机构、传感系

统与控制单元）功能正常运转的影响，以 Motoman MH6 机器人为例，其机器人本体的正常运行需要保证 0~45℃ 范围内的工作温度及不高于 90% 的环境相对湿度，并提供（240/480/575）V、（50/60）Hz 的稳定三相交流电；再以 KUKAKR150 机器人为例，其必须在 10~55℃ 的工作温度范围内运行，防尘、防水等级规定为 IP65。

焊接机器人对应用环境的适应性还体现在通过传感系统的反馈对焊接轨迹、焊枪姿态、焊接参数进行实时调整方面。在机器人弧焊作业中，由于工装误差、焊接热变形等实际焊接条件的变化，按照原有轨迹运动的焊枪不再能保证焊缝的准确对中，这会导致焊接质量下降，甚至正常的焊接过程无法维持。通过电弧传感或视觉传感方式，可实现焊缝的自动跟踪，增强焊接机器人的外部环境适应能力。

四、国内外机器人品牌

目前，国内外使用较多的机器人品牌主要有瑞典 ABB、德国 KUKA（库卡）、日本 YASKAWA（安川）、日本 Fanuc（发那科）、日本 OTC、日本 Panasonic（松下）、德国 CLOOS、奥地利 IGM、日本 Nachi（不二越）、日本 ARC MAN（神户制钢）、日本 Kawasaki（川崎）、韩国 Hyundai（现代）、瑞士 Staubli（史陶比尔）和意大利 Cornau（柯马）等。其中 ABB、KUKA、YASKAWA（机器人名称：Moto-man）、Fanuc 属于机器人公司的四大家族，不论是销售数量、机器人种类和技术水平均处于领先地位，除了提供点焊机器人和弧焊机器人之外，同时还可提供搬运、装配、加工、涂胶、涂装、铸造、冲压等类型机器人。

五、机器人的典型应用

1. 汽车车身制造

某品牌汽车采用了 KUKA 机器人组成车身焊接生产线，提高生产效率 25%，焊接接头强度提高 30%。该生产线包括 30 个工作站，由机器人完成车身上的 4000 多个焊缝的焊接任务，具有精度高、速度快、一致性好、抗冲击强度高的特点，这不仅对于工厂生产效率而且对于最终产品的安全性和质量都至关重要。图 3-5 所示的机器人焊接生产线比传统手工操作在每次焊接操作上提高效率 25%，抗冲击强度比普通焊提高 30%。完成整车的焊接作业周期为 86s（包括在工作站之间的传送时间）。某汽车品牌车身车间，290 台机器人替代了人力，约 50s 完成一辆车身焊接，实现了自动化率 100%，整个焊接过程无飞溅，如图 3-6 所示。

图 3-5　机器人焊接生产线

图 3-6　车身机器人焊接生产线

2. 汽车零部件

某汽车品牌全铝电动车工厂共 160 多台机器人。其中，铝底板和铝翼子板生产线上采用机器人配套 CMT 弧焊和 Delt Spot 电阻点焊工艺，实现焊接生产线无飞溅生产，如图 3-7 所示。

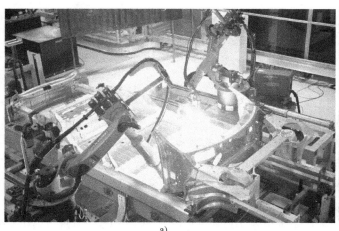

a)　　　　　　　　　　　　　　　　　　　　　　　　b)

图 3-7　机器人无飞溅焊接生产线

a）铝底板　b）铝翼子板

3. 工程机械

某工程机械制造公司采用 IGM 机器人完成挖掘机大型结构件的焊接，如图 3-8 所示。焊接机器人安装在能够实现三维移动的框架上，采用先进、高效 Fronius 的双丝焊工艺。机器人通过编程能够满足十几种部件的焊接要求。

某工程机械制造公司装载机车架机器人工作站采用机器人焊接，协调变位机配合动作，可对工件多方位分布的焊缝根据编程程

图 3-8　挖掘机大型部件机器人焊接

序一次性不停机完成焊接作业，如图 3-9 所示。

4. 能源设备制造

某公司采用 Motoman 机器人进行油田设备弧焊作业。如图 3-10 所示，实现对多部件表面堆焊特种材料焊接作业编程，适用于不同型号的产品，并配备激光传感器实现焊缝跟踪。

图 3-9　装载机车架机器人焊接

图 3-10　油田设备零部件机器人焊接

5. 五金行业

某公司铝自行车架配件机器人焊接工作站采用松下机器人，配置福尼斯 MIG/MAG 焊机，采用三工位布局，如图 3-11 所示。

图 3-11　铝自行车架配件机器人焊接

某公司拼板机器人焊接工作站采用 OTC 机器人系统，悬挂式运行方式，可实现在同一工作台上对多个工件进行拼板焊接，并大范围跨工位进行焊接作业，如图 3-12 所示。

图 3-12 拼板机器人焊接

第三节 变 位 机

一、变位机概述

在我国，焊接变位机是一个年轻的产品。由于制造业之间发展水平的差异，很多企业的焊接工位还没有装备焊接变位机，同时相关的研究也比较薄弱。迄今为止，没有专门著作去研究它的定义和分类。因此对同一种设备，不同的企业和不同的人可能有不同的称呼，如转胎、转台、翻转架、变位器、变位机等。我们赋予焊接变位机的定义为用来拖动待焊工件，使其待焊焊缝运动至理想位置进行施焊作业的设备，如图 3-13 所示。焊接变位机把工件装夹在一个设备上，进行施焊作业。焊件待焊焊缝的初始位置，可能处于空间任一方位。通过回转变位运动后，使任一方位的待焊焊缝，变为船角焊、平焊或平角焊施焊作业。完成这个功能的设备称焊接变位机。它改变了可能需要立焊、仰焊等难以保证焊接质量的施焊操作。从而，保证了焊接质量，提高了焊接生产率和生产过程的安全性。

图 3-13 焊接变位机

焊接变位机在生产中具有重要的作用。在国际上，包括各种功能的产品在内，有百余系列。在技术上有普通型的；有无隙传动伺服控制型的；产品的额定负荷范围为 0.1 ~ 18000kN。可以说，焊接变位机是一个品种多，技术水平较高，小、中、大型发展齐全的产品。

一般说来，生产焊接操作机、滚轮架、焊接系统及其他焊接设备的厂家，大都生产焊接变位机；生产焊接机器人的厂家，大都生产机器人配套的焊接变位机。但是，以焊接变位机为主导产品的企业，非常少见。德国 Severt 公司，美国 Aroson 公司等，算是比较典型的生产焊接变位机的企业。德国的 CLOOS、奥地利 IGM、日本松下机器人公司等，都生产伺服

控制与机器人配套的焊接变位机。以下仅就变位机型式、第一主参数等进行介绍。

二、变位机的分类

焊接变位机按结构形式可分为三类：伸臂式焊接变位机、座式焊接变位机、双座式焊接变位机。

1. 伸臂式焊接变位机

伸臂式焊接变位机的回转工作台安装在伸臂一端，伸臂一般相对于某倾斜轴成角度回转，而此倾斜轴的位置多是固定的，但有的也可小于100°的范围内上下倾斜。该机变位范围大，作业适应性好，但整体稳定性差。其适用范围为1t以下中小工件的翻转变位。在手工焊中应用较多。多为电动机驱动，承载能力在0.5t以下，适用于小型罕见的翻转变位。也有液压驱动的，承载能力多，适用于结构尺寸不大，但自重较大的焊件。

2. 座式焊接变位机

座式焊接变位机工作台有一个整体翻转的自由度。可以将工作翻转到理想的焊接位置进行焊接。另外工作台还有一个旋转的自由度。该种变位机已经系列化生产，主要用于一些管、盘的焊接。工作台边同回转机构支承在两边的倾斜轴上，工作台以焊接速度回转，倾斜边通过扇形齿轮或液压油缸，多在140°的范围内恒速倾斜。该机稳定性好，一般不用固定在地地基上，搬移方便。其适用范围为1~50t工件的翻转变位，是目前应用最广泛的结构形式，常与伸缩臂式焊接操作机配合使用。座式变位机可以实现与操作机或焊机联控。控制系统可选装三种配置：按键数字控制式、开关数字控制式和开关继电器控制式。该产品应用于各种轴类、盘类、筒体等回转体工件的焊接，是目前应用最广泛的变位机的结构形式。

3. 双座式焊接变位机

双座式焊接变位机是集翻转和回转功能于一身的变位机械。翻转和回转分别由两根轴驱动，夹持工件的工作台除能绕自身轴线回转外，还能绕另一根轴做倾斜或翻转，它可以将焊件上各种位置的焊缝调整到水平的或"船形"的易焊位置施焊，适用于框架型、箱型、盘型和其他非长型工件的焊接。工作台座在"U"形架上，以所需的焊速回转，"U"形架座在两侧的机座上，多以恒速或所需焊接速度绕水平轴线转动。该机不仅整体稳定性好，而且如果设计得当，工件安放在工作台上以后，倾斜运动的重心将通过或接近倾斜轴线，而使倾斜驱动力矩大大大减少，因此，重型变位机多采用这种结构。其适用范围为50t以上重型大尺寸工件的翻转变位，多与大型门式焊接操作机或伸缩臂式焊接操作机配合使用。

另外，变位机也可以按照驱动电动机的个数来分，分为单轴变位机（如L型和C型）、双轴变位机（如A型）、三轴变位机（如K型和R型）和复合型变位机（如B型和D型）等。

三、变位机的构成

1. 机械系统

焊接变位机械是改变焊件、焊机或焊工位置来完成机械化、自动化焊接的各种机械装置。

焊接变位机械可分为以下三大类：

（1）焊件变位机械　包括焊接变位机、焊接滚轮架、焊接回转台和焊接翻转机。

1）焊接变位机（Positioner）。将工件回转、倾斜，使工件上的焊缝置于有利施焊位置的焊件变位机械。它主要用于机架、机座、法兰、封头等非长形工件的翻转变位和焊接，也

可用于装配、切割、检验等。

2）焊接滚轮架（Turning Rolls）。借助主动滚轮与工件之间的摩擦力带动筒形工件旋转的焊件变位机械。它主要用于筒形工件的装配与焊接，是锅炉容器生产中的常用工艺装备。

3）焊接回转台（Welding Turntable）。一种简化的变位机，它将工件绕垂直轴回转或者固定某一角度倾斜回转，主要用于回转体工件的焊接、堆焊与切割。

4）焊接翻转机（Welding Tilter）。将工件绕水平轴转动或倾斜，使之处于有利装焊位置的焊件变位机械。它主要适用于梁柱、框架、椭圆容器等的焊接。

（2）焊机变位机械　包括焊接操作机和焊接立架。焊接操作机（Manipulator）的作用是将焊机机头准确地送到并保持在待焊位置，或以选定的焊接速度沿规定的轨迹移动焊机机头。焊接操作机与变位机、滚轮架等配合使用，可完成纵缝、环缝、螺旋缝的焊接，还可以用于自动堆焊、切割、探伤、打磨、喷漆等作业。

（3）焊工变位机械　包括焊工升降机等。焊接变位机工作台的回转运动，多采用直流电动机驱动，无级变速工作台的倾斜运动有两种驱动方式：一种是电动机经减速器减速后通过扇形齿轮带动工作台倾斜或通过螺旋副使工作台倾斜；另一种是采用液压缸直接推动工作台倾斜。这两种驱动方式都有应用，在小型变位机上以电动机驱动为多。工作台的倾斜速度多为恒定的，但对应用于空间曲线焊接及空间曲面堆焊的变位机，则是无级调速的。另外，在驱动系统的控制回路中，应有行程保护、过载保护、断电保护及工作台倾斜角度指示等功能。

工作台的回转运动应具有较宽的调速范围，国产变位机的调速比一般为 1:33 左右；国外产品一般为 1:40，有的甚至达 1:200。工作台回转时，速度应平稳均匀，在最大载荷下的速度波动不得超过 5%。另外，工作台倾斜时，特别是向上倾斜时，运动应自如，即使在最大载荷下，也不应产生抖动。

2. 驱动系统

（1）回转驱动

1）回转驱动应实现无级调速，并可逆转。

2）在回转速度范围内，承受最大载荷时转速波动不超过 5%。

（2）倾斜驱动

1）倾斜驱动应平稳，在最大负荷下不抖动，整机不得倾覆。最大负荷超过 25kg 的，应具有动力驱动功能。

2）应设有限位装置，控制倾斜角度，并有角度指示标志。

3）倾斜机构要具有自锁功能，在最大负荷下不滑动，安全可靠。

（3）其他

1）变位机控制部分应设有供自动焊用的联动接口。

2）变位机应设有导电装置，以免焊接电流通过轴承、齿轮等传动部位。导电装置的电阻不应超过 1mΩ，其容量应满足焊接额定电流的要求。

3）电气设备应符合 GB/T 4064 国家相关标准的有关规定。

4）工作台的结构应便于装夹工件或安装卡具，也可与用户协商确定其结构形式。

5）最大负荷与偏心距及重心距之间的关系应在变位机使用说明书中说明。

（4）具备性能

1）焊接变位机械和焊机变位机械要有较宽的调速范围，以及良好的结构刚度。

2）对尺寸和形状各异的焊件，要有一定的适用性。

3）在传动链中，应具有一级反行程自锁传动，以免动力源突然切断时，焊件因重力作用而发生事故。

4）与焊接机器人和精密焊接作业配合使用的焊件变位机械，视焊件大小和工艺方法的不同，其到位精度（点位控制）和运行轨迹精度（轮廓控制）应控制在 0.1~2mm 之间，最高精度应可达 0.01mm。

5）回程速度要快，但应避免产生冲击和振动，工作台面上应刻有安装基线，装各种定位工件和夹紧机构。

6）有良好的接电、接水、接气设施，以及导热和通风性能。

7）整个结构要有良好的密闭性，以免焊接飞溅物的损伤，对散落在其上的焊渣、药皮等物应易被清除。

8）焊接变位机械要有联动控制接口和相应的自保护功能集中控制和相互协调动作。

9）兼作装配用的焊件变位机械应具有抗冲击性能。并设有安装槽孔，能方便地按其工作台面要有较高的强度和抗冲击性能。

10）用于电子束焊、等离子弧焊、激光焊和钎焊的焊件变位机械，应满足导电、隔磁、绝缘等方面的特殊要求。

（5）选型

1）根据焊接结构件的结构特点选择合适的焊接变位机。例如，装载机后车架、压路机机架可用双立柱单回转模式，装载机的前车架可选 L 型双回转式，装载机铲斗焊接变位机可设计成 C 型双回转式，挖掘机车架、大臂等可用双座式头尾双回转型式，对于一些小总成焊接件可选取目前市场上已系列化生产的座式通用变位机。

2）根据手工焊接作业的情况，所选的焊接变位机能把被焊工件的任意一条焊缝转到平焊或船焊位置，避免立焊和仰焊，保证焊接质量。

3）选择开敞性好、容易操作、结构紧凑、占地面积小的焊接变位机，工人操作高度尽量低，安全可靠。工装设计要考虑工件装夹简单、方便。

4）工程机械大型的焊接结构件变位机的焊接操作高度很高，工人可通过垫高的方式进行焊接。焊接登高梯的选取直接影响焊接变位机的使用，视高度情况可用小型固定式登高梯、三维或两维机械电控自动移动式焊接升降台。

第四节　焊接夹持装置

一、焊接夹持装置的分类与作用

1．焊接工装夹具和变位机械的作用

焊接工装夹具和焊件移动机械统称焊接夹持装置。焊接夹持装置在自动化焊接应用中，有如下作用：

1）采用焊接工装夹具，零件由定位器定位，不用划线，不用测量就能得到准确的装配位置，保证装配精度，加快装配作业进程，减轻工人的体力劳动，提高生产效率。

2）能控制或消除焊接变形。

3）提高焊件的互换性能，缩短焊件的生产周期。

4）缩短装配和施焊过程中焊件翻转、变位的时间，减少辅助工时，提高了焊剂利用率和焊接生产率。

5）可使焊件处于最有利的施焊位置。

6）可扩大焊机的焊接范围。

7）可使手工操作变为机械操作，减少了人为因素对焊接质量的影响。

8）可使装配和焊接集中在一个工位上完成，可减少工序数量，节约车间使用面积。

9）能在条件困难、环境危险、不宜由人工直接操作的场合实现焊接作业。

10）使焊接工序本身实现机械化和自动化，使焊接生产过程实现综合机械化、自动化。

夹持装置在自动化焊接应用中，应处理好以下的问题：

1）设计焊接机械设备时，应使整个设备具有较好的密闭性。

2）设法使二次回路的一端从离焊件最近的地方引出。

3）在焊接机械装备的传动系统中，应具有反行程自锁性能。

4）装备本身应具有较好的传热性能。

5）焊接装备应具有良好的通风条件。

6）焊接装备的结构形式应有利于将积聚在其上的杂物方便地清除。

7）保证焊接机头具有良好的焊接可达性。

8）夹紧机构不能由于焊接变形产生的阻力使夹紧机构松夹时不能复位。

9）焊厚大件时，注意在焊缝始末端分别设置引弧板和引出板。

10）设计焊接机械装备的控制系统时，应处理好焊件的启动、停止与焊机起弧、收弧的顺序。

2. 焊接工装夹具和变位机械的分类

1）按照辅助机械装备（或称焊接工艺装备）的用途可分为焊接工装夹具、焊接变位机械、焊接过程组合机械，焊接辅助装置等四类。用来装配定位工件的夹具称为工装夹具；用来焊接工件的夹具称为焊接夹具，既用来装配又用来焊接的夹具，则称为装配焊接夹具，它们统称为焊接夹具。按动力源焊接工装夹具分为手动夹具、气动夹具、液压夹具、磁力夹具、真空夹具、电动夹具六类。

2）按照使用范围不同，焊接机械装备可分为通用和专用两大类。

3. 焊接夹持装置的特点

（1）夹持装置与备料加工的关系　焊接结构零件加工具有工序多（如矫正、划线、下料、边缘加工、弯曲成形等）与工作量大的特点。

（2）夹持装置与装配工艺的关系　利用定位器和夹紧器等装置进行焊接结构的装配，其定位基准和定位点的选择与零件的装配顺序、零件尺寸精度和表面粗糙度有关。

（3）夹持装置与焊接工艺的关系　不同的焊接方法对焊接工艺装备的结构和性能要求也不尽相同。采用自动焊生产时，一般对焊接机头的定位有较高的精度要求，以保证工作时的稳定性，并可以在较宽的范围内调节焊接速度。当采用手工焊接时，则对工艺装备的运动速度要求不太严格。

（4）夹持装置与生产规模的关系　单件生产时，一般选用通用的工装夹具，这类夹具无需调整或稍加调整就能适于不同焊接结构的装配或焊接工作。成批量生产某种产品时，通

常是选用较为专用的工装夹具，也可以利用通用的、标准的夹具的零件或组件，使用时只需将这些零件或组件加以不同的组合即可。

4. 焊接夹持装置的设计原则和应注意的问题

焊接夹持装置的设计原则与其他机械的设计原则一样，首先必须使焊接工艺装备满足工作职能的要求，在这个前提下还应满足操作、安全、外观、经济上的要求。

二、焊接工装夹具

1. 焊接工装夹具的分类与组成

在焊接结构生产中，装配和焊接是两道重要的生产工序，根据工艺通常以两种方式来完成，一种是先装配后焊接；另一种是边装配边焊接。

焊接工装夹具按动力源可分为手动式、气动式、液压式、磁力式、真空式、电动式、混合式七类。

一个完整的夹具是由定位器、夹紧机构、夹具体三部分组成的。

2. 对焊接工装夹具的要求

1）焊接工装夹具应动作迅速、操作方便。

2）夹紧可靠，刚度适当。

3）焊接工装夹具工作时主要承受焊接应力和夹紧反力和焊件的重力，夹紧时不应损坏焊件的表面质量，夹紧薄件和软质材料时，应限制夹紧力或加大压头接触面积。

4）焊接工装夹具应有足够的装配、焊接空间，不能硬性焊接操作和焊工观察，不妨碍焊件的装卸。所有的定位元件和夹紧机构应与焊道保持适当的距离，或者布置在焊件的下方或侧面。夹紧机构的执行元件应能够伸缩或转位。

5）注意各种焊接方法在导热、导电、隔磁、绝缘等方面对夹具提出的特殊要求。

6）夹具的施力点应位于焊件的支承处或者布置在靠近支承的地方，要防止支承反力与夹紧力、支承反力与重力形成力偶。

7）接近焊接部位的夹具，应考虑操作手把的隔热和防止焊接飞溅物对夹紧机构和定位器表面的损伤。

8）用于大型板焊接结构的夹具，要有足够的强度和刚度，特别是夹具体的刚度对结构的形状精度、尺寸精度影响较大，设计时要留有较大的余量。

9）在同一个夹具上，定位器和夹紧机构的结构形式不宜过多，并且尽量只选用一种动力源。

10）工装夹具本身应具有较好的制造工艺性和较高的机械效率。

11）尽量选用已通用化、标准化的夹紧机构的零部件来制作焊接工装夹具。

12）为了保证使用安全，应设置必要的安全连锁保护装置。

3. 焊接工装夹具设计方案的确定

1）焊件的整体尺寸和制造精度以及组成焊件的各个坯件的形状、尺寸和精度。

2）装焊工艺对夹具的要求。

3）装、焊作业可否在同一夹具上完成，或是需要单独设计装配夹具和焊接夹具。

4）焊件的产量。

4. 焊件的定位及定位器

（1）定位原理　焊件的定位应遵守 3-2-1 定位法则，如图 3-14 所示。其定位方法如下：

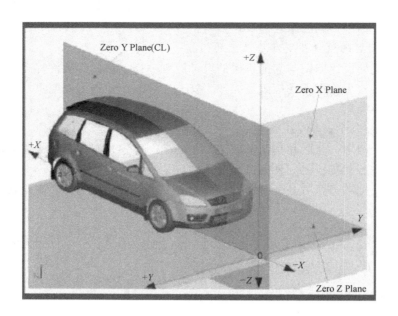

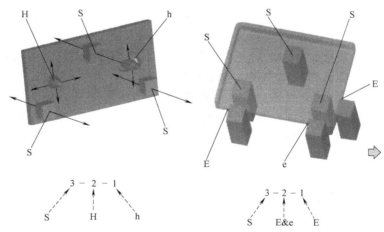

图 3-14 3-2-1 定位法则图示

X—前和后 *Y*—内和外 *Z*—上和下

1）3 个面（S）控制零件在 1 条轴线、2 个旋转方向的自由度。

2）主定位销（H）或面（E&e）控制零件 2 条轴线运动的 4 个自由度。

3）次定位销（h）或面（E）控制零件 1 条轴线 2 个旋转方向的自由度。

（2）定位基准的选择 选择定位基准时需着重考虑以下几点：

1）定位基准应尽可能与焊件起始基准重合，以便消除由于基准不重合而产生的误差。

2）应选用零件上平整、光洁的表面作为定位基准。

3）定位基准夹紧力的作用应尽量靠近焊缝区。

4）可根据焊接结构的布置、装配顺序等综合因素来考虑。

5）应尽可能使夹具的定位基准统一。

（3）定位器及其应用　根据工件的结构形式和定位要求进行选择，大致分类如下：

1）平面定位用定位器。

2）支承钉和支承板主要用于平面定位。支承钉的形式有多种。

① 固定式支承钉。又分为三种类型：平头支承钉用来支承已加工过的平面定位；球头支承钉用来支承未经加工粗糙不平毛坯表面或工件窄小表面的定位，此种支承钉的缺点是表面容易磨损；带花纹头的支承钉多用在工件侧面，增大摩擦系数，防止工件滑动，使定位更加稳定。固定式支承钉可采用通过衬套与夹具骨架配合的结构形式，当支承钉磨损时，可更换衬套，避免因更换支承钉而损坏夹具。

② 可调式支承钉。当零件表面未经加工或表面精度相差较大，而又需以此平面做定位基准时选用。

3）圆孔定位用定位器。

4）V形块。阶梯外圆柱表面和轴线交叉圆柱表面的定位可采用V形块和其他定位器组合应用的方式解决。

5. 零件的夹紧机构

1）夹紧力方向的确定。

2）夹紧力作用点的确定。

3）夹紧力大小的确定。

6. 组合夹具

组合夹具适用于品种多、批量小、变化快、周期短的生产场合，特别是在新产品试制过程中，更为适用。但是组合夹具也有缺点，它与专用夹具相比，体积庞大、质量较大。另外，夹具各元件之间都是用键、销、螺栓等零件连接起来的，连接环节多，手工作业量大，也不能承受锤击等过大的冲击载荷。

组合夹具按元件的连接形式不同，分为两大系统：一为槽系，即元件之间主要靠槽来定位和紧固；二为孔系，即元件之间主要靠孔来定位和紧固。每个系统又按需要分为大、中、小三个类别。

组合夹具的元件分为基础件、支承件、定位件、导向件、压紧件、紧固件、合成件、辅助件8个类别。

三、焊接变位机

焊接变位机在本章第三节中已细述，此处不重复介绍。

四、夹持装置实例

1. 车门焊接工装夹具

图3-15所示为汽车车门焊接工装夹具。该套焊接工装夹具整机控制采用PLC可编程控制器作为主控单元，工件压紧、工件旋转、焊枪下降、焊枪旋转、工件焊接、焊枪上升等动作可分别进行控制。PLC能够支持键盘编程和现场修改程序，具有自动记数和异常状况自动报警功能，具有断电保护及自我检测功能，可与机器人协同作业。

2. 仪表架焊接工装夹具

图3-16所示为汽车仪表架焊接变位机械。该仪表架工作站夹具用于焊接汽车仪表架总成，采用双工位机械设计，上、下料不占用机器人焊接时间，单个仪表架总成共有40条焊缝，焊缝总长度约为1700mm，生产能力超出每日产量450件。

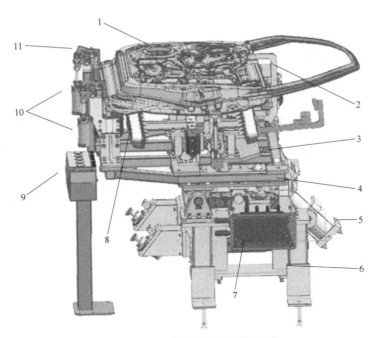

图 3-15　汽车车门焊接工装夹具

1—焊件　2—焊件工装夹具　3—夹具基座　4—变位机械　5—变位机械气缸　6—夹持装置基座
7—变位机械控制盒　8—工件传输带　9—夹持装置　10—PLC 控制系统　11—焊接工装

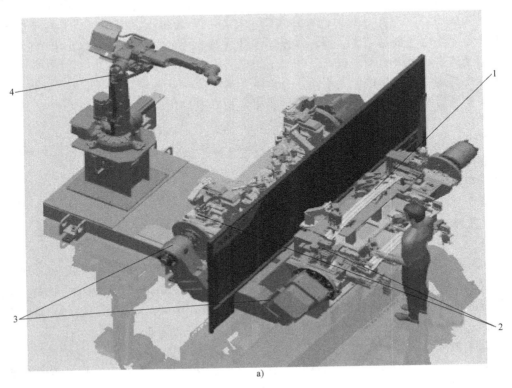

a)

图 3-16　汽车仪表架焊接变位机械

1—焊件　2—焊接工装夹具　3—变位机　4—机器人

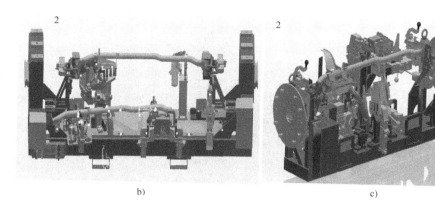

b)   c)

图 3-16   汽车仪表架焊接变位机械（续）

复习思考题

一、填空题

1. 从某种意义上来讲，焊接自动化就是用_____来代替____进行焊接操作，从而达到尽可能_____人工操作的目的。

2. 机械装置按照使用场合和结构特点，主要有_____、_____、_____以及_____等。

3. 按照机器人作业中所采用的焊接方法，可将焊接机器人分为_____机器人、_____机器人、_____机器人、_____机器人等类型。

4. 通常所说的焊接机器人主要由_____、_____、_____、_____及相关线缆组成。

5. 焊接变位机按结构形式可分为_____焊接变位机、_____焊接变位机、_____焊接变位机三类。

6. 焊接变位机械可分为_____变位机械、_____变位机械和_____变位机械三大类。

7. 按照辅助机械装备或称焊接工艺装备的用途，焊接夹持装置可分为_____、_____、_____、_____四类。

二、选择题

1. 总体上，机械装置是在焊接自动化生产中实施____的自动化和____的自动化。

A. 焊接工序、焊接生产　　B. 焊接夹具、待焊工件　　C. 产品装夹、物流传送

2. 当前，被称为机器人四大家族的机器人品牌是指 ABB、Kuka、Fanuc 和____。

A. Panasonic　　　　　　　　B. IGM　　　　　　　　　　C. YASKAWA

3. 用来拖动待焊工件，使其____运动至理想位置进行施焊作业的设备，称为焊接变位机。

A. 焊接角度　　　　　　　　B. 预定方向　　　　　　　　C. 待焊焊缝

4. 下列焊接变位机械中属焊件变位机械的是____。

A. 焊接操作机　　　　　　　B. 焊接滚轮架　　　　　　　C. 焊工升降机

5. 一个完整的夹具是由定位器、____、夹具体三部分组成的。

A. 驱动系统　　　　　　　　B. 变位结构　　　　　　　　C. 夹持机构

三、简答题

1. 机械装置的主要作用是什么?
2. 机械装置的设备机械结构通常由哪几部分组成?
3. 焊接机器人系统主要由哪些结构组成?
4. 焊接变位机的驱动系统应具备哪些方面的性能?
5. 焊接夹持装置的主要作用有哪些?
6. 自动化焊接应用中,对焊接工装夹具有什么要求?

第四章　焊接电源

随着焊接自动化的不断的发展与升级，对所需配备的焊接电源也提出了更多的要求，在焊接方法方面，电阻点焊和电弧焊是目前相对应用最多的焊接方法。基于焊接电源与自动化设备的通信要求及其自身的特点，焊接自动化用焊接电源相对于手工焊电源有了较大变化，主要体现在功能全面化、数据库专业化、性能稳定化，且对送丝系统及焊枪（焊钳）的要求有较大的修正。

在自动化焊接工程中，焊接电源的性能和选用是一项极为重要的技术问题，因为焊点或焊缝质量的优劣及控制，大都与焊接电源有直接的关系。本章仅侧重于对焊接电源系统的特点和应用技术问题进行阐述，而非针对焊接电源的原理。图 4-1 所示为奥地利 Fronius 公司的焊接电源，图 4-2 所示为瑞典 ESAB 弧焊电源。

图 4-1　奥地利 Fronius 焊接电源

图 4-2　瑞典 ESAB 弧焊电源

为了保证焊接电源与自动化设备能更好地连接，对弧焊电源与点焊电源提出了不同的要求。

1. 弧焊电源

针对弧焊电源系统，机器人焊接工程要求包括以下方面：

1）焊接电弧的抗磁偏吹能力。

2）焊接电弧的引弧成功率。

3）熔化极弧焊电源的焊缝成形问题。

4）自动化设备与弧焊电源的通信问题。

5）自动化设备对自动送丝机的要求。

6）自动化设备对所配置焊枪的要求。

2. 点焊电源

针对点焊电源，机器人焊接工程要求包括以下方面：

1）点焊机器人与点焊设备水、电、气连接问题。

2）点焊变压器的安装问题。

3）焊钳与自动化设备的机械连接问题。

4）自动化设备与点焊电源的通信问题。

第一节　弧焊电源系统

在机器人焊接工程中，对弧焊机器人用弧焊电源的要求，远比人工焊接所用的弧焊电源更高。对弧焊机器人焊接工艺的适用性成为弧焊电源设计上需要考虑的重要因素。

一、弧焊电源特点及要求

机器人用电弧焊设备配置的焊接电源需要具有稳定性高、动态性能佳、调节性能好的品质特点，同时具备可以与机器人进行通信的接口，这就要求焊接设备具备专家数据库和全数字化系统。其中一些中、高端客户需要焊接电源具有一元化模式、一元化设置模式或二元化模式。

弧焊机器人需要配置自动化送丝机，如图 4-3 所示。送丝机可以安装在机器人的肩上，且在一些高端配置中，焊接电源需要有进/退丝功能，同时送丝机上也配置点动送丝/送气按钮。

图 4-3　送丝机

二、弧焊电源工艺性能对机器人焊接质量的影响

焊接电弧的引弧成功率是指电弧焊开始时有效引发电弧次数的概率。无论对使用熔化极电弧焊枪的机器人，还是使用非熔化极电弧焊枪的机器人，都要求焊接电弧有 100% 的引弧成功率。这是因为在实际生产线上工作的弧焊机器人，特别是汽车车身焊装线上的熔化极气体保护焊机器人，如果初次引弧不成功，则会有电弧未燃而焊丝继续送出的现象，虽然一般焊接控制系统都设计有电弧状态监测信号环节，但此时已送出但未熔化的这一段焊丝必须被处理掉，才能重新开始引弧程序。为保证引弧成功率，现在弧焊机器人用的熔化极气体保护焊电源设计了"去（焊丝端部）小球"电路。该设计思路的出发点是，当一次熔化极气体保护焊接结束时，发现焊丝端部形状可能出现（熔滴凝固而成的）小球，这会为再次引弧造成困难。

薄板电弧焊时，在薄板焊缝的两端都会形成向内凹陷的豁口，豁口尖端的形状对拼焊薄板的抗拉强度有很大的影响。为使豁口形成圆弧状豁口，可以通过起弧段上升电流及收弧段

下降电流分别调节的方式实现。现在的数字化电源都有这个功能。

三、弧焊机器人用焊接电源

由于机器人焊接对生产率和焊接质量的一系列要求，需要对焊接电源进行相应的配套设置，根据机器人的要求在软、硬件方面着手对电路进行处理，从而达到与机器人的完美结合。目前与机器人进行配置的焊接电源除电流、电压可调外，还需要具备一些基本功能起弧电流大小可调节、起弧电流持续时间可调节、弧长修正可调节、电感可调节、收弧电流大小可调节、收弧电流持续时间可调节、回烧修正可设置、电缆补偿可设置、预通气时间可设置、滞后断气时间可设置、起弧/收弧电流衰减可设置，以上这些功能和机器人通信后可以通过机器人来调节。针对一些中、高端用户，焊接电源需要具有专家数据库，可以调用 Job号，一般焊接电源可以存储多个 Job 号（例如 FroniusTPS 电源可存储 0 ~ 99 个 Job 号），从而可以调用不同的焊接程序。为了方便一线操作人员的使用，降低操作人员对焊接设备使用的难度，将焊接电源设计为二元化和一元化并存的形式。

焊接控制系统应能对弧焊电源进行故障报错，并及时报警停止运行，除通知机器人故障外，还应显示故障码，并可以通过复位来排除故障。

四、弧焊机器人用焊枪

目前弧焊机器人焊枪有两种：一种是焊接机器人中空内置焊枪，如图 4-4 所示；另一种是焊接机器人外置焊枪，如图 4-5 所示。

图 4-4 焊接机器人中空内置焊枪

图 4-5 焊接机器人外置焊枪

中空手腕式弧焊机器人是将焊枪内置，焊枪的内置方式有三种：第一种是直接连接到送丝机上，这种焊枪在使用过程中随着第六轴手腕的转动，焊枪电缆受扭曲力的作用，在长期受力情况下寿命大大降低；第二种是将焊枪和焊枪电缆分开，并在送丝机前端做成可旋转接头，这种连接方式在一定程度上降低了扭曲力对焊枪电缆寿命的影响；第三种是将焊枪和焊枪电缆在机器人第六轴安装位置处分开做成可旋转接头，这种连接方式从根源上消除了由于机器人运动而产生的扭曲作用力对焊枪电缆寿命的影响，此种焊枪价格稍高。

外置焊枪机器人需要在弧焊机器人第六轴上安装焊枪把持器，这在某些复杂零部件焊接时降低了焊枪的可达性。外置焊枪较内置焊枪的价格稍低，一般在外置焊枪可以达到使用要

求的时候，综合考虑成本，都会选用外置焊枪。

机器人所使用的焊枪需要安装防碰撞传感器，以便在调试和使用过程中出现故障时能够及时使机器人停止动作，从而降低设备的损坏程度，在一定程度上保护了设备的完好性。

五、通信方式

目前机器人和焊接电源的主流通信方式主要有以下几种：I/O、DeviceNet、Profibus 和以太网等。

I/O 通信是机器人 CPU 基于系统总线通过 I/O 电路与焊接电源交换信息，需要外供 24V 电源，分为数字 I/O 和模拟 I/O 两种，其中数字 I/O 可直接与机器人进行通信连接，而模拟 I/O 需要通过 AID 转换才能与机器人进行通信连接。这种通信方式接线麻烦，需要的空间较大，每个点只限一个信号，工作量大，综合成本高。

DeviceNet 是国际上 20 世纪 90 年代中期发展起来的一种基于 CAN 技术的开放型、符合全球工业标准的低成本、高性能的现场总线通信网络。这种方式不仅使设备之间以一根电缆互相连接和通信，更重要的是它给系统所带来的设备及诊断功能。该功能在传统的 I/O 上是很难实现的，而是通过提供网络数据流的能力来提供无限制的 I/O 端口，提高了机器人与焊机之间的通信效率。它简化配线，避免了潜在的错误点，减少了所需的文件，降低了人工成本并节省了安装空间，但是需要外供 24V 电源。这是目前焊接电源与机器人之间的主流通信方式。

基于现场总线 Profibus DP/PA 控制系统位于工厂自动化系统中的底层，即现场级和车间级。现场总线 Profibus 是面向现场级和车间级的数字化通信网络。

以太网是当今现有局域网最通用的通信协议标准。以太网络使用 CSMA/CD（载波监听多路访问及冲突检测）技术，接线简单，传输速度快，效率高，不需要外供 24V 电源，是焊接电擦与机器人较为先进的通信连接方式。

第二节　电阻焊设备

电阻焊的主要工艺方法包括电阻点焊、电阻凸焊、电阻缝焊、电阻对焊和闪光对焊，这些方法在汽车行业有着广泛的应用，尤其是电阻点焊占汽车焊接量中的 80% 以上。这些焊接方法有着共同的特点：在形成焊接接头的过程中，一是必须向接头提供大的焊接电流，二是要向接头提供压力。

点焊机器人焊接设备主要由焊接控制器、焊钳（含电弧焊变压器）及水、电、气等辅助部分组成。目前的电阻点焊焊钳又分为气动和电动两种。气动不需要和机器人进行系统配置，而电动伺服焊钳则需要和机器人进行系统配置。

点焊机器人焊钳从用途上可以分为 C 形和 X 形两种。C 形焊钳用于点焊垂直及近于垂直位置的焊缝，X 形焊钳主要用于点焊水平及近于水平位置的焊缝。

按照阻焊变压器与焊钳的结构关系可将焊钳分为分离式、内藏式和一体式三种形式。

分离式电阻焊钳如图 4-6 所示，其特点是焊钳与变压器相分离，钳体安装在机器人手臂

图 4-6　分离式电阻焊钳

上，而焊接变压器则悬挂在机器人上方，可以在轨道上沿着机器人手腕的方向移动，二者之间用二次电缆相连，其优点是减小了机器人的负载，运动速度高，价格便宜。其缺点是需要大容量的焊接变压器，线路损耗大，能源利用率低，此外，粗大的二次电缆在焊钳上引起的拉伸力和扭转力作用于机器人的手臂上，限制了点焊工作区间和焊接位置的选择。另外二次电缆需要特殊制造，以便水冷，必须具有一定的柔性来降低扭曲和拉伸作用力对电缆寿命的影响。

内藏式电阻焊钳是将焊接变压器安装在机器人手腕内，在订购机器人时需要和机器人进行统一设计。变压器的二次电缆可以在手臂内移动。这种机器人结构复杂，其优点是二次侧电缆较短，变压器的容量可以减小。

一体式电阻焊钳是将焊接变压器和钳体安装在一起，然后固定在机器人手臂末端的法兰盘上，如图4-7所示。其主要优点是省掉了特制的二次电缆及悬挂变压器的工作架，直接将焊接变压器的输出端连接到焊钳的上下机臂上；另一个优点就是节省能量。目前与机器人相配套的焊钳主要是一体式工频/中频焊钳。

目前电阻点焊焊钳的新的发展方向就是逆变式焊钳，这种焊钳的体积小，由于焊钳质量的减小，所使用的机器人也会随之变小，这在一定程度上会降低总体成本。

图 4-7　一体式电阻焊钳

一、特点及要求

机器人电阻点焊系统对点焊设备的要求首先是焊钳受机器人控制，与机器人保持机械和电气的连接。

应采用具有浮动加压装置的专用焊钳，也可对普通焊钳进行改装。焊钳重量要轻，可具有长、短两种行程，以便于快速焊接机修整、互换电极、跨越障碍等。

一体式焊钳的重心应设计在固定法兰盘的中心线上。

焊接控制系统应能对电阻焊变压器过热、晶闸管过热、晶闸管短路/断路、气网失压、电网电压超限、粘电极等故障进行自诊断及自保护，除通知本体故障外，还应显示故障种类。

分散型控制系统应具有与机器人的通信联系接口，能识别机器人本体及示教器的各种信号，并做出相应的动作反应。

二、通信方式

目前在点焊机器人系统中与电阻点焊控制器进行通信的方式与弧焊基本类似，但目前应用较多的是点对点的I/O模式。

三、实例分析

下面以某汽车零部件的一个点焊工作站为例介绍DENYO M&E电动伺服点焊设备系统，如图4-8所示。

在该系统中，DENYO M&E点焊控制器与Fanuc机器人之间采用数字I/O通信，由机器人控制焊钳的大/小行程、焊接通/断、焊接条件输出、焊接异常复位、电极更换请求、变压器温度控制、修磨电极等参数，从而通过DENYO M&E点焊控制器来控制焊钳的所有动作。

图 4-8 汽车零部件点焊工作站

复习思考题

一、填空题

1. ____和____这两种焊接方法是目前弧焊机器人应用最多的焊接设备。

2. 机器人用电弧焊设备配置的焊接电源具备可以与机器人____，这就要求焊接设备具备专家数据库和全数字化系统。

3. 弧焊机器人用焊枪有两种：一种是焊接机器人_____，另一种是焊接机器人_____。

4. 机器人和焊接电源的主流通信方式主要有____、____、____和____四种。

5. 点焊机器人焊钳从用途上可以分为_____和_____两种。

二、简答题

1. 为了保证焊接电源与自动化设备能更好地连接，对弧焊电源与点焊电源提出了哪些不同的要求？

2. 点焊机器人焊接设备主要由哪几部分组成？

第五章　焊接专机

近二十年来，随着数字化、自动化、计算机技术、机械设计技术的发展，以及人们对产品的质量要求的提高，焊接质量、美观度等得到了更大的重视。随着我国劳动成本的增加，以及对工人的身体健康的重视和对提高生产效率的要求，在现代工业生产中，越来越多的焊接生产过程开始采用自动焊接专机。

焊接专机是为特定的工件和一定形状的焊接接头而专门设计的焊接自动化设备。可以通过电气控制、气动控制和液压控制技术，实现对电动机、气动执行元件、液压执行元件的旋转或移动，实现工件焊缝与焊枪的相对运动，从而自动完成焊接接头的焊接工作。

第一节　自动焊接专机的分类

一、按控制形式分类

按控制形式不同，焊接专机可分为开环控制型、自适应控制型和智能化型三种。

1. 开环控制型

该类焊接专机的控制系统一般采用开环控制，即采用控制系统预先设置参数，由执行元件按控制程序顺序执行。这类设备结构简单，技术要求和成本相对较低，所以得到了广泛的使用。由于在焊接过程中，焊接参数的波动不能进行闭环的反馈控制，焊接机头或焊接工件的运动只能按照预先的规定路径或轨迹进行，不能随着工件焊缝的变化而变化，因此，在使用过程中，应保证工件的一致性和焊缝的配合精度，才能达到提高焊接效率和焊接质量的可靠性。图 5-1 所示为机械手自动翻转焊接专机，该焊接专机由数控控制系统软件预先设置机械手（夹持焊枪部分）移动轨迹及平台翻转角度，对焊件多

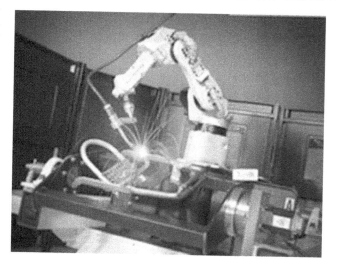

图 5-1　机械手自动翻转焊接专机

个点、线、面等按预先设置好的程序进行全程自动焊接。由于采用开环控制、焊接程序预先设置好、焊枪动作不因工件存在误差自动调整动作而去适应焊件误差，因此需要工件紧密配

合一致，各个待焊件保证一致或在误差范围内，否则就无法自动完成全部焊接工作。

2. 自适应控制型

该类专机是一种自动化程度较高的焊接设备。它配备传感器和电子检测线路，对焊缝的轨迹自动导向和跟踪，有的设备还可以对焊接参数如焊接电流、焊接电压、焊接速度等实现闭环控制，整个焊接过程按预先设置的程序和焊接参数自动完成。例如，较大的筒体或管类零件，要保证工件的一致性和达到很高的配合精度是非常困难的，需要花费更大的成本，如挂车横梁自动焊接专机（图5-2）即采用了弧长跟踪器和焊枪摆动器。由于工件表面凹凸不平，需要焊枪随着工件表面的高低不平进行上下运动，以保持焊枪与工件表面的距离一致，从而保证电弧的稳

图 5-2　挂车横梁自动焊接专机

定性。同时可以自动实现多层焊接。若焊接两层，当焊接完一周后，跟踪器检测到表面高度增加，则可以自动将焊枪提高。

3. 智能化型

它利用各类高级传感元件，如视觉传感器、触觉传感器、光敏传感器等，并借助计算机软件系统、数据库、专家系统而具有识别、判断、实时检测、运算、自动编程、焊接参数调用等功能，操作人员只需在人机界面上输入材料的牌号、板厚、坡口形式、焊丝牌号和直径、焊剂或保护气体种类等，焊接参数自动生成或调用相应参数即可完成全自动焊接。由于这类设备成本非常高，实际影响焊接质量的因素很多，比如气体的纯度，流量，焊接电流、电压，电源输入的波动，工件的水汽或锈蚀、焊缝的宽窄，焊缝的高低等，所以很难真正完成智能化焊接，在实际生产中很少用到。

二、按行走轨迹分类

根据焊接行走轨迹，焊接专机可以分为点焊专机（图5-3）、直线专机（图5-4）、曲线专机（图5-5）、表面堆焊专机（图5-6）、曲面专机（图5-7），以及由以上类型的多元组合

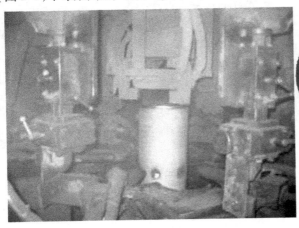

图 5-3　点焊专机，MAG 焊，碳钢

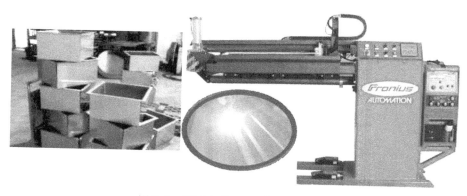

图 5-4　直线专机，TIG 焊，不锈钢

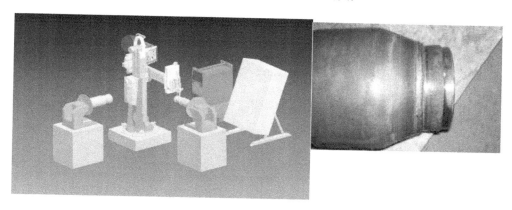

图 5-5　曲线专机之环缝专机，双工位，MAG 焊，碳钢

图 5-6　表面堆焊（内、外）专机，CMT 工艺，镍基

而成的多用途专机（图 5-8）六大类。

三、其他分类方法

1）根据专机上使用的焊接工艺方法归类，常见的有 TIG 焊专机、CO_2 焊专机、MIG/MAG 焊专机、双丝焊专机、埋弧焊专机、电阻焊专机、等离子弧焊专机等多种类型。

2）根据焊接材料的材质归类，常见的有碳钢专机、不锈钢专机、铝焊专机等。

3）根据焊枪数量归类，常见的有单枪专机、双枪专机和多枪专机。

4）根据焊枪的移动方式归类，常见的有焊枪固定式、焊枪移动式和协调移动式。

图 5-7　曲面专机之球面堆焊专机，CMT 工艺，镍基

图 5-8　多用途专机，ETR 工艺，镍基

5）根据工件坡口形式归类，常见的有对接焊专机、角焊专机和表面堆焊专机等。

6）根据焊接工位数量归类，常见的有单工位专机、双工位专机和多工位专机等。

以上形式的专机在实际生产中常同时出现在一个专机工作站中。选择采用焊接专机来实施焊接自动化技术，需要考虑产品特点、产量、现场布局、装备性能、焊接工艺以及企业经济能力等多方面因素，然后由专业人员综合这些因素后进行设计、制造、整合，经安装、调试后，进行试运行，运行稳定后才能正式投产。试运行期间，对上道工序和下道也需要兼顾考虑。因此，焊接专机的实施是一个相对较专业、复杂的过程，是多学科综合体。

第二节　自动焊接专机的构成

自动焊接专机用于自动化生产当中，要求采用人工或者机械手装卸工件，之后焊接工装夹具自动将工件定位、固定，并自动启动焊接电源的电弧、自动送丝或工件进行自动移动，焊接完成后自动退回，通过人工或机械手取下工件。其组成主要有焊接系统、机械系统、电气控制系统等。

一、焊接系统

焊接系统包括焊接电源及焊枪，主要有氩弧焊机、CO_2 焊机、MIG/MAG 焊机、等离子弧焊机、埋弧焊机等。此外，还有电阻焊、火焰焊、激光焊、电子束焊等焊接形式的焊接电源，由于篇幅有限，在此只介绍前面最常用的几种焊接电源。

二、机械系统

机械系统主要由床身机构、工装夹具及工件辅助支承机构、焊枪微调机构、焊接工件或焊枪移动机构等组成。由于各类焊接工件的形状、尺寸和焊缝位置等的不同，以及每个设计人员的设计思路不同，所以焊接专机的样式也各不相同。图5-9所示为管-板自动焊接专机，以此设备为例详细讲解构成思路。

图 5-9　管-板自动焊接专机

1. 床身机构

床身主要对设备起支承作用，可以用铸件或者焊接件构成。由于铸件生产周期长，成本高，所以基本上采用型材和钢板焊接后，经退火、精加工而成，可以实现快速制造，且成本低，故得到广泛使用。

2. 工装夹具及辅助支承机构

工装夹具及辅助支承机构可以根据工件的加工面或定位孔，固定工件的相对位置，可以采用手动、气动、电动、液压控制夹具运动，实现装夹和定位工件。

3. 焊枪微调机构

要使焊枪对准焊缝，需要对焊枪的 $X \setminus Y \setminus Z$ 向进行三维调节，使焊枪的指向对准焊缝，同时根据焊接工艺要求，还需实现各方向的旋转功能。

4. 焊接工件或焊枪的移动机构

要完成直线、圆周或曲线焊缝的焊接，需要通过焊枪与工件的焊缝轨迹的相对运动完成焊接要求。可以选择焊枪移动，也可选择工件运动，需根据工件的形状和尺寸决定设计思路。其设计原则是以机构最简单、控制最简单、工人装卸工件最方便为主。

三、电气系统

电气控制系统主要控制夹具的装夹和定位、焊机的启动和停止、焊枪或工件的运动、输送装置的进出等。

电气控制系统一般有继电器、PLC、单片机、数控系统、计算机等控制形式。在焊接生产现场，由于焊接飞溅多，水、电、气线路复杂，电磁干扰大，所以最常使用的有继电器、PLC、数控系统。而 PLC 由于兼顾了继电器的功能，又可以实现编程控制。随着技术的发展和新产品的出现，现在的 PLC 还能实现更加复杂的功能，如部分数控功能、圆弧插补等。所以 PLC 控制技术在自动焊接专机中得到了最广泛的应用。

第三节　典型自动焊专机实例

在各种形式的焊接专机中，十字操作架、管-板自动焊专机、管-管对接环缝自动焊专机为实际生产中使用频率很高的代表性应用。本节主要针对此三类专机进行实例简介。

一、十字操作架

1. 分类

十字操作架有固定式、固定带回转式、移动带回转式等多种方式。

固定式小十字操作架专机如图 5-10 所示，整个专机的工作均由操作架完成，能完成左右、上下、前后方向直线移动调节。

图 5-10　固定式小十字操作架专机

固定带回转式十字操作架专机如图 5-11 所示，整个专机的工作均由操作架完成，能完成左右、上下、前后方向直线移动调节，还能完成以立柱为轴心的周围 360°水平旋转动作。

移动带回转式十字操作架专机如图 5-12 所示，整个专机的工作均由操作架完成，能完成左右、上下、前后方向直线移动调节，还能完成以立柱为轴心的 360°水平旋转动作和水平地面上整体移动的动作。

图 5-11　固定带回转式十字操作架专机

2. 固定带回转式十字操作架（以某公司 ETR-S 系统操作架 FCB3000-4000 为例）

（1）系统功能简述　全称 Endless Torch Rotation System，是一套大型的十字操作架全自动化焊接专机系统。用于在产品表面进行特种性能材料的堆焊操作。适用于平面、球面、环形、矩形、斜形孔等多种形状的工件表面堆焊，主要应用于石油、天然气、化工、海工等行业重要零部件的焊接。该系统具有非常高的智能化和自动化性能。

（2）系统组成　系统组成总图如图 5-13 所示，由九个部分组成。

（3）十字操作架的用途

1）作为手工或自动化焊接专机局部运行机构，完成部分动作。

图 5-12　移动带回转式十字操作架专机

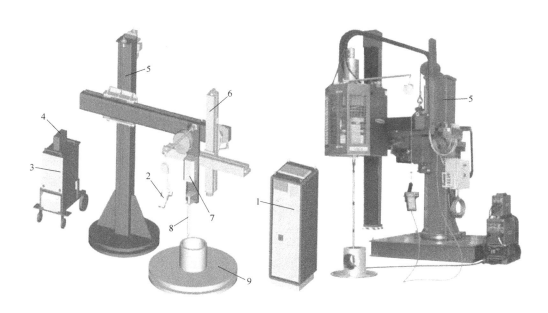

图 5-13　ETR—S 全自动堆焊系统组成示意图

1—系统控制柜　2—控制器　3、4—焊接电源　5—十字操作架（立柱、横梁）
6—小十字操作架　7—ETR－S 无级送丝系统　8—专用焊枪　9—工件（或变位机）

2）作为自动化焊接专机系统工作站，完成所有动作。

（4）技术规范　十字操作架的技术规范如图 5-14 所示。

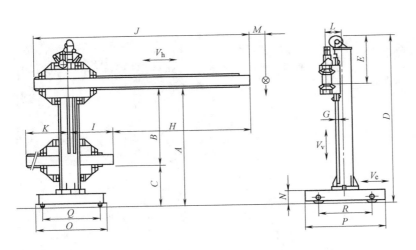

技术参数	型号：FCB3000-4000
最大承重（横梁处于最大伸出量位置）	420kg
偏斜量	5.42mm
电源电压/频率	$3 \times 415V/60Hz$
自重	5600kg
$A + C$（横梁下端为基准）尺寸	1000mm/4000mm
B（立柱有效位移）	3000mm
D（整体高度）	5500mm
E（顶端最小高度）	1500mm
F（立柱宽度）	540mm
G（立柱厚度）	412mm
H（横梁端至横梁槽端位移量）	4000mm
I（横梁在横梁槽中最小位移量）	1100mm
J（整体长度）	
K（横梁最小/最大伸出长度）	855mm/4855mm
L（横梁偏离中心量）	415mm
M（载荷距离）	300mm
v_h（水平移动速度）	$10 \sim 200cm/min$
v_v（垂直移动速度）	200cm/min

底座/旋转轴		横梁	
N（高度）	317mm/365mm	S（高度）	390mm
O（宽度）	1816mm/1816mm	T（宽度）	220mm
P（长度）	1816mm/1990mm	U（孔距）	51 mm
Q（轨距）	1435mm	V（孔距）	241mm
R（轴距）	1360mm	W（直径）	450mm
v_c（旋转速度）	$10 \sim 200cm/min$		

图 5-14　十字操作架的技术规范

二、管-板自动焊专机

1. 分类

按接头形式可分为角接式管-板自动焊专机（图 5-15）、嵌入式管-板自动焊专机（图 5-16）、对接式管-板专机（图 5-17）。

图 5-15　角接式管-板自动焊专机

图 5-16　嵌入式管-板自动焊专机

图 5-17　对接式管-板自动焊专机

第五章　焊接专机

按工艺形式可分为 TIG 管-板自动焊专机（图 5-18）、MIG/MAG 管-板自动焊专机（图 5-19）。

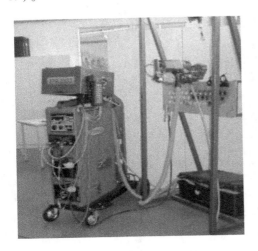

图 5-18　TIG 管-板自动焊专机

图 5-19　MIG/MAG 管-板自动焊专机

管-板自动焊专机有着广泛应用，尤其在锅炉、建筑行业，汽配行业，如锅炉热交换器、膜式壁；汽车排气系统；建筑管道安装等方面，涉及碳钢、不锈钢、铝及铝合金、镍基表面堆焊等焊接工艺的应用。

管-板自动焊专机，以其简便、轻巧、灵活性等特点，不仅更好地保障了焊接质量，同时提高了焊接效率和大大降低劳动强度，深受操作人员的喜爱。

2. 管-板自动焊专机（以某品牌 FTW35-118 管-板自动焊专机为例）

FTW35-118 管-板自动焊专机是采用最先进的全数字化逆变脉冲 MIG/MAG 电源，依托电源对电弧特性的稳定控制，并结合精密的控制器和定位行走机构，针对锅炉、换热器行业管-板焊接需求精心设计、量身定做的一套全自动高效管-板焊接专机系统。在保证高质量焊接的前提下，焊接效率是 TIG 或 MMA 工艺的 2 倍以上，同时大大降低了对焊接人员的焊接操作技能要求和减少人为因素对焊接的负面影响。该系统适用于碳钢、不锈钢、铝等多种类材料的全位置焊接。图 5-20 所示为管-板自动焊专机可应用的焊接位置。

（1）专机系统简述　如图 5-21 所示，FTW35-118 管-板自动焊专机系统主要由焊接电源、遥控器、专机控制盒、专机焊接头等几大部分组成。

1）专机焊接机头。图 5-22 所示为 FTW35-118 管-板自动焊专机焊接机头的

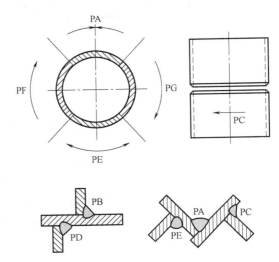

图 5-20　管-板自动焊专机应用的焊接位置
PA—平焊　PB—角焊　PC—横焊　PD—仰角焊　PE—仰焊

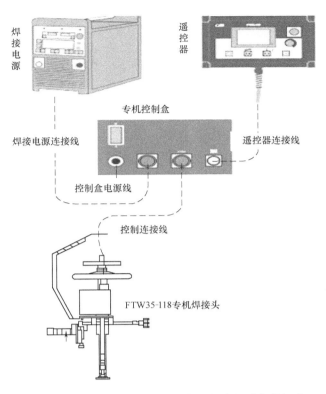

图 5-21　FTW35-118 管－板全自动焊专机系统的组成

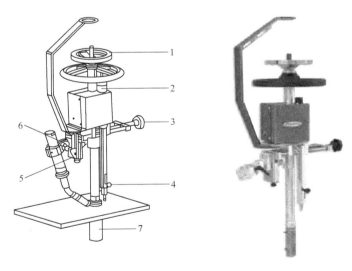

图 5-22　专机焊接机头

1—锁紧轮　2—FCU-FTW 控制盒接口　3—水平调节装置
4—定位销　5—垂直调整装置　6—旋转调节装置　7—心轴

结构。可实现固定和手动万向调节焊枪，用于固定心轴和进行多方向调节，实现转速0.01～6r/min 范围内的变化。焊接头部件功能及具体操作如下：

① 锁紧轮。用于依靠心轴将管板焊头固定在焊接位置。顺时针或逆时针转动锁紧轮可以卡住或松开管板焊接头。

 注意：开槽销只可打开不可缩回。当使用特殊的心轴进行立向下焊时，开槽销会自动缩回。

② FCU-FTW 控制盒接口。连接 FCU-FTW 控制盒的信号线。

 注意：开关 FCU-FTW 控制盒前先将电源开关关闭。

③ 带星形把手的水平调节装置。用于做相对于工件位置的水平方向精细调节。调节范围为 0～130 mm。

④ 立向焊用停止定位销。用于立向焊时确定停止位置。推荐采用的垂直方向定位工具。拉置、插回即可锁定位置。采用沉头螺栓和锁紧螺母来设置高度。

 重要！拧动沉头螺栓来调节高度后应拧紧锁紧螺母锁定位置。

⑤ VS-50 垂直方向调节装置。用于在相对工件的垂直方向做精细的位置调节。调节范围为 0～25mm。

⑥ FSU-5 焊枪夹持器旋转调节装置。用于在焊枪相对工件的角度方向做精细位置调节。使用夹紧杆锁定。调节范围为0～135°。

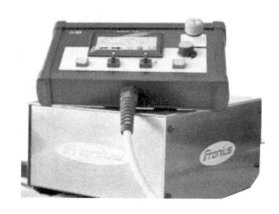

图 5-23　FCU-FTW 控制盒

⑦ 心轴。用于将专机焊接头锁紧固定在待焊管子上。通过锁紧轮顺时针或逆时针转动完成锁紧。可根据施焊管径更换。使用管径范围为 φ35～φ118mm。

2）FCU-FTW 控制盒。图 5-23 所示为专机控制盒。

① 主要功能。

●总开关。

●2 步/4 步切换开关。

●焊接过程开始/结束按钮。

●焊缝重叠开关按钮。

●焊枪启动延迟时间设定。

●焊枪收弧驻留时间设定。

●焊缝重叠时间设定。

② 控制盒面板。图 5-24 所示为 FCU-FTW 控制盒面板，位于控制盒背面。控制盒按钮及具体操作如下：

a. 电源开关。用于开关 FCU-FTW 控制盒。该开关也是 FRC-40 遥控器和 FTW

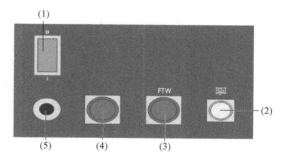

图 5-24　控制盒面板

35-118 管板焊头的供电开关。开关中含有过电流熔断器（1.5 A）。打开开关时，开关内有灯光点亮。

b. FRC-40 遥控器插座。FRC-40 遥控器的接口。

c. FTW 接口（管板焊头）。连接福尼斯管板焊头（控制线的连接）。

 注意：开关福尼斯专机焊接头前先将电源开关关闭。

d. 焊机控制线接口。连接焊机的控制线（3m）。

e. 电源连接线。长 5m。

3）FRC-40 遥控器。图 5-25 所示为专机控制器。

① 主要功能。

a. 焊接过程开始/结束。

b. 焊枪转速设定。

c. 反转按钮。

d. 预送丝按钮。

② 遥控器面板。图 5-26 所示为 FRC-40 遥控器控制面板。遥控器按钮功能及具体操作如下：

图 5-25　FRC-40 遥控器

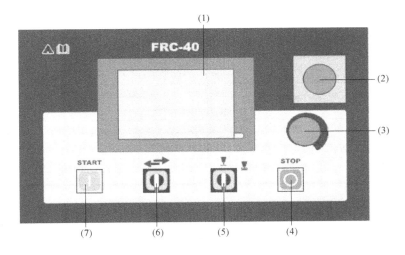

图 5-26　PRC-40 遥控器控制面

a. 触摸屏显示器。可浏览，或通过触摸屏输入及编辑参数值。也可通过多功能旋钮（3）输入和编辑数值。

b. 急停按钮。停止所有运动并禁止再启动。焊接电弧即时中止。FRC-40 遥控器面板上会显示"EMERGENCY STOP"信号。急停发生期间所有控制都被禁止。

 注意：开始工作前，检查急停保护开关能否正常启动急停功能。

c. 多功能旋钮。用于选择及编辑焊接参数，程序自动执行时仍然有效。按压多功能旋

钮可选择高亮显示的参数项进行编辑。

d. 停止按钮。用于停止自动执行的程序。开始按钮（7）不能用来恢复执行停止的程序。同时按下停止按钮和开始按钮（7）可改变焊头旋转方向。同时按停止按钮和手动模式按钮（6）可打开气动装置开关。按住停止按钮 >5s 可进入系统设置参数页面。

e. 焊接开/关选择开关。用于设置程序自动执行过程中是否打开焊接功能。也可通过"焊接开/关"参数打开或关闭焊接功能。

f. 手动模式按钮。用于手动控制焊枪位置。按住此按钮超过 7s 可自动变为最大转速。同时按此按钮及开始按钮（7）可打开气动装置。手动模式下的旋转方向由系统参数设置项中的"Direction"设置。

g. 开始按钮。用于启动程序自动运行。同时按住此按钮及停止按钮（4）可改变管板焊头的旋转方向。

注意：按下开始按钮后不一定会立即开始焊接运动，需等待设定的延时时间后才开始运动。

（2）技术规范　FTW35-118 管-板自动焊专机技术规范见表 5-1。

表 5-1　FTW35-118 管-板自动焊专机技术规范

技术参数		焊机型号：FTW35-118
心轴内径		35 ~ 118mm
焊接位置		PA/PB
焊接工艺		MIG/MAG、TIG
焊接方式		两步/四步
电动机		步进电动机
旋转速度		0 ~ 2160°/min
尺寸	*A*	890mm
	B	445mm（最大）
	C	250mm
	D	130mm
	E	25mm
F（心轴内径 35 ~ 60.5mm）		117mm
F（心轴内径 60.6 ~ 80.5mm）		152mm
F（心轴内径 80.6 ~ 118mm）		197mm
G		135°
净重		12.4kg

三、管-管自动焊专机

1. 分类

按管子形状和接头形式，常见的有直管对接自动焊专机、直管与弯管对接自动焊专机、弯管对接自动焊专机、相贯线自动机等。

按焊接工艺，常见的有 TIG 自动焊专机、MIG/MAG 自动焊专机、等离子弧自动焊专机、埋弧自动焊专机等。

按焊枪运动方式，常见的有焊枪自传式、工件自传式、协同式三种。

按焊头可视性，常见的有封闭式和开放式两种。

按焊枪数量，常见的有单枪、双枪、多枪多丝等形式。

按工作场地，常见的有野外作业管-管自动焊专机、室内预制管-管自动焊专机。

常见的管-管自动焊专机如图 5-27 ~ 图 5-33 所示。

图 5-27　MIG/MAG 管-管自动焊专机

（直管对接，双枪，碳钢）

图 5-28　TIG 管-管自动焊专机（直管对接，单枪，铜）

图 5-29　等离子弧管-管自动焊专机

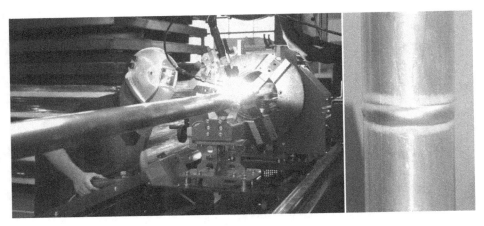

图 5-30　埋弧管-管自动焊专机

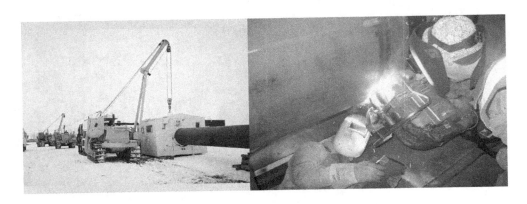

图 5-31　太阳能集热管自动焊专机

（直管对接，TIG 焊自动送丝工艺，不锈钢，车间预制管焊流水线）

图 5-32　石油管道自动焊专机

（直管对接，碳钢，双丝焊工艺，双头四丝。野外作业管焊工作站）

图 5-33　封闭式管-管自动焊专机（直管对接，
TIG 焊工艺，不锈钢。焊枪自转式，固定或流动安装场合管焊）

　　管-管自动焊专机应用极广，如锅炉、压力容器、核电、工程机械、机车制造、医疗机械、化工机械、食品机械、航空航天、液压管件、船舶及海工等行业。在实际应用中，以上管焊专机常常以多种形式综合出现在同一管焊专机工作站中。根据现场和产品要求，结合不同品牌焊机的性能能力和工艺特点，在管-管自动焊专机应用中充分体现了不同行业和不同企业自身特点。

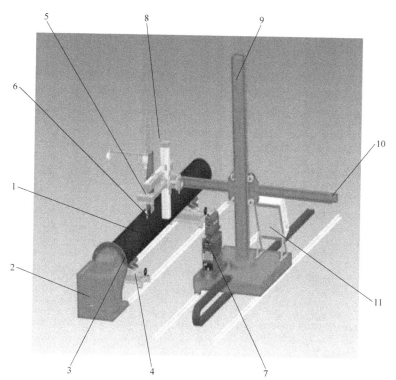

图 5-34　系统主要组成
1—工件　2—变位机　3—简易滚轮架　4—液压升降平台
5—焊枪　6—弧长跟踪系统　7—焊接电源　8—电动十字
滑架　9—精密十字操作架　10—辅助导轨　11—控制系统

2. 管-管自动焊专机实例（某公司品牌 FCW 系列）

FMW1000 管-管自动焊专机针对管道预制化生产线上的焊接工序而设计。该专机控制系统采用 PLC 全数字化运动控制技术，选用角度传感器实现焊道空间位置自动识别，焊枪可在任意位置起弧；焊接电源采用最先进的 MIG/MAG 和 TIG 全数字焊机，在装配间隙和错边误差适应性方面能获得更广的适用范围。

（1）专机组成　FMW1000 管-管自动焊专机系统的主要组成如图 5-34 所示。

（2）组成部分功能

1）变位机。装夹和转动管道，完成焊缝轨迹调整变换。通过倾斜和回转动作将工件置于便于焊接位置的工艺设备，滚轮架作为从动部分对筒体转动，如图 5-35 所示。

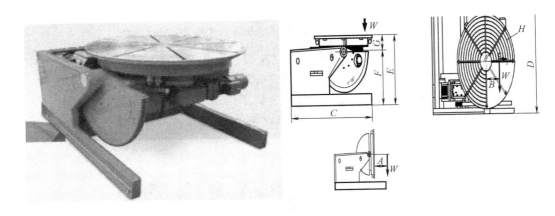

图 5-35　变位机

变位机技术参数如下：

- 最大水平载荷（W）1500kg
- 电动倾翻角度 0～135°
- 最大旋转转矩/倾翻转矩 1500N·m/3000N·m
- 尺寸：A/B（额定载荷偏心距）150mm
- C　1350mm
- D　920mm
- E　1000mm
- F　850mm
- G　150mm
- 台面厚度 22mm
- 装卡槽宽度 M16
- 最大焊接电流 600A
- 转速无级调节 0.075～3.0r/min
- 倾翻速度 135°/30s
- 电磁制动安全保障

> - 驱动电压 50Hz，3 × 400V
> - 净重 750kg

2）简易滚轮架。承重支撑和变换管道位置，完成焊缝轨迹调整变换。在变位机倾转90°时支撑长工件的远端。根据管道长度增加数量。

简易滚轮架技术参数如下：

> - 适合工件直径 100 ~ 630mm
> - 高度可手动调节
> - 放置位置按需要可以移动

3）液压电动升降平台。支撑和升降调节滚轮架，和滚轮架配合使用，完成管道高度调整。

4）弧长跟踪系统。由弧长跟踪器和视频监控系统两部分组成，如图 5-36 所示。集弧长控制与焊枪摆动于一体（由系统控制器集中控制），结构紧凑轻便，用于 MIG 或 TIG 焊接时通过检测电弧电压，自动调节焊枪高度，或带动焊枪做直线往复摆动以控制焊缝宽度和焊接质量。并通过焊接视频监视系统观察焊缝及其周围区域，完成产品焊接全过程实时图像显示。

a)   b)

图 5-36 弧长跟踪系统

a) 弧长跟踪器 b) 视频监控系统

弧长跟踪器技术参数如下：

> - 摆动开关：ON ~ OFF
> - 幅度：±25mm
> - 边缘停留时间：0.01 ~ 8s，左右侧停留时间可分别调整
> - 摆动频率：最大 125/min
> - 横摆偏移量：0.1 ~ 5mm

- 横摆精度：±0.1mm
- 自动弧长控制开/关：ON/OFF
- 弧长电压：2～25V
- 弧长电压增量：0.1～9.9V
- 灵敏度可设定：0.035～0.336m/min
- 焊枪提升范围：±50mm

5）焊枪。专用推拉丝 MIG/MAG 焊枪如图 5-37 所示，其外形尺寸小、干涉小、重力和重量优化的结构便于机器的运动，焊枪电缆能快速更换和拆卸，可使用标准的机器焊枪枪头，与支承架成为一体，并自带伺服电动机，保证送丝更稳定。在高负荷工作环境下具有负载持续率高、寿命长、易损件消耗少、配件更换方便等特点。

图 5-37　专用 MIG/MAG 推拉丝焊枪

6）焊接电源。采用 CMT 冷金属过渡焊机，可获得更高的焊接稳定性和提高焊接质量，如图 5-38 所示。

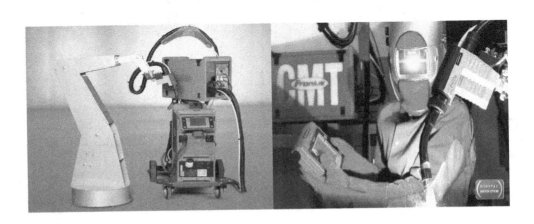

图 5-38　CMT 冷金属过渡焊机

CMT 焊机的性能特点如下：

1）全数字化控制的逆变电源，节能降耗，焊接成本低。

2）焊接热影响区小，焊接变形小，比普通 MIG 热输入减少 40%。

3）焊接速度快，比手工氩弧焊快 4～5 倍。

4）焊缝力学性能高，裂纹倾向小。

5）焊接质量高，质量再现性好。

6）间隙容忍性好，对装配要求低。

7）焊机内存焊接工艺专家系统，操作简单。

8）有 CMT、CMT + 脉冲、MIG/MAG 等多种焊接方法功能。

9）可焊接不锈钢、高温合金、铝、镁、钛等多种材料，以及铝与钢的异种材料焊接。

7）电动十字滑架。由两件互成十字相连的滑板组成，可选手动或电动十字滑架，电动十字滑架的调整移动由步进电动机带动丝杠旋转，再由螺母带动滑板移动，在外层十字滑架的移动块上固定支承板、焊枪座、焊枪和三维送丝支架等零部件。十字滑架用以调节焊枪水平和垂直位置焊枪和弧长跟踪系统夹持和调节姿态。

8）精密十字操作架。主要由轨道、行走底盘、回转部件、立柱、横梁、伺服驱动电动机、链式履带移动导轨等组成，如图 5-39 所示。

① 立柱、横梁均采用优质钢焊接而成，具有很好的刚度。轨道采用精密直线导轨导向，导向精度高、使用寿命长，从而使操作机整机稳定性得到提高。

② 横梁伸缩采用伺服调速驱动，速度无级可调，数字显示，可预置参数。梁设有独特的防坠落保险装置，当横梁发生意外坠落时，防坠落装置可以立即自动启动止住下坠，具有保险作用。

③ 操作架可实现环缝焊接，环缝焊接主要与变位机实现联动，通过变位机的旋转运动与焊接系统同步，焊接稳定可靠。

④ 操作机各运动轴均有安全限位开关或电磁刹车。

⑤ 立柱可 360°旋转并锁止。

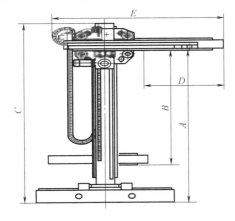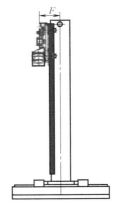

图 5-39　精密十字操作架

精密十字操作架技术参数如下：

- 横梁断部最大载荷 90kg
- 驱动电压 50Hz，3 × 400V
- 横梁立向运动速度 1480mm/min
- 横梁水平运动速度 100 ~ 2000mm/min
- 横梁最大偏斜量 11mm
- 尺寸：A（横梁下缘高度最小/最大）575mm/4000mm

  B（立向行程）3425mm

  C（总高度）4500mm

  D（横梁水平行程）3500mm

  E（横梁总长）4660mm

  F（横梁偏心距）255mm

- 操作机在轨道上有效行程 2000mm，行走速度 0.2 ~ 10m/min

9）辅助导轨。增加精密十字操作架活动范围。根据待焊管道长度定制。

10）控制系统。由集中控制器和焊接控制器两部分组成。

集中控制器。该控制器采用 PLC 集中控制方式，通过设定相应的编程和操作界面对熔池观测控制系统进行协调通信。该控制器编程简便，界面直观，维护方便，具有故障自诊断和通过因特网远程诊断维护功能。考虑到现场网络电压随时有可能产生较大波动，因此对该系统主控制器采用较大的工程控制柜，柜内布局通风、防尘、散热、抗干扰等功能均能实现稳定工作，同时便于监测和维护。操作界面独立，与熔池监视器一起安装在与操作者便于监控的位置。控制柜的输入电压为 380V 或 220V/50Hz 的 ±10% 之内，超过这个范围建议增加稳压电源。控制器内通过线槽合理地安装各功能模块和开关元件。控制箱顶部安装有风扇，可对机箱内部有效地散热。箱体边缘有防尘隔条，可对工作现场的粉尘有效隔离，避免粉尘进入控制箱沉积在元器件上而造成元器件失灵。

集中控制器基本控制功能如下：

① 焊枪或工件运动焊接速度调整及显示。

② 焊接起停控制。

③ 焊接/模拟功能。

④ 多层多道焊接控制。

⑤ 其他任务的控制。

11）焊接控制器。控制系统主要包含焊接参数控制和焊接过程控制两个部分，所有焊接参数通过 HMI 焊接系统控制器编程控制，焊接过程由内部程序控制。整套系统采用了先进的全触摸屏人机交互界面，操作简便、直观，质量稳定，性能可靠。在实际生产焊接过程中，为完成不同产品的复杂焊接任务，要对相关的焊接参数和运动参数进行匹配，并通过集中终控器来实施。该控制器采用多模块集中控制方式，可通过手持遥控器来编程对相关的焊接参数和运动参数进行协调，具有故障自诊断和通过因特网远程诊断维护功能。

控制系统控制功能如下：

- 采用 SIEMENS 工业计算机，带 10.4in 触摸屏编程，按键和旋钮调整参数。
- 操作台面倾斜角度可调。
- 可控制 10 个运动轴和 4 个焊接电源。
- 可控制 CMT/MIG/TIG/热丝 TIG/等离子弧等至少 5 种焊接工艺。
- 高度集成设定 CMT 焊机的焊接参数和十字操作机、变位机等所有运动轴。
- 设定弧长控制和焊枪摆动控制。
- 编辑存储 500 组焊接程序，并可通过 U 盘存储、备份和加载程序。
- LCD 屏幕显示实时显示焊接参数，如电流、电压、送丝速度、焊接速度等。
- 故障处理快捷方便，带有自诊断和因特网远程诊断维护功能。
- 系统多种语言选择。
- 操作人员密码管理。
- 手持编程遥控器具有以下功能：
▶手动控制焊枪上下、焊丝进退及所有机构运动。
▶气体及水流手动检测。
▶具有自动报错功能。
▶自动弧压跟踪和自动送丝功能。
▶多任务操作系统。
▶焊接/模拟功能，多层多道焊接控制。
▶程序锁定功能。
▶焊接程序及参数显示。
- Q- MASTER 焊接质量监控功能，可同时监控 4 台焊机。
▶焊接电流、焊接电压、送丝速度、保护气流量、焊接时间、电动机电流等在控制系统屏幕上实时显示图表和数值，超出预设范围就会以醒目颜色和声音报警。
▶数据采样时间 300ms，自动按时间顺序存储。

（3）操作步骤　根据不同直径和厚度的管道，以及不同的焊接要求，调节专机规范和焊接参数来实施。专机操作步骤如下：

1）上料。将组对好的管道固定装夹在升降平台和变位机上。

2）PLC 调节运行轨迹。通过控制系统 PLC 调整链式履带移动导轨移动至管道的对应坡口位置；调整升降平台、变位机和移动导轨至焊接位置对位；调整小十字操作架焊枪和弧长控制器的合适姿态；调节合适的焊机焊接参数。

3）试运行。控制系统 PLC 启动非焊接模式下试运行，示教专机移动轨迹到合适位置位置。如不合适，手动或自动调节，直至符合运行轨迹要求。

4）焊接：控制系统 PLC 启动焊接运行模式进行焊接，焊接完成时自动停止，并复位到设定位置。

5）下料：取下工件。

6）安装新工件。

7）循环生产。

（4）专机使用范围

材质：碳钢、不锈钢、铝、高温合金等。

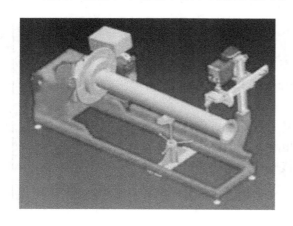

图 5-40　短管直管对接

图 5-41　短管直管与弯头对接

壁厚：0.8 ~ 12mm。

直径：300mm ≤ ϕ ≤ 1500mm。

长度：L ≤ 1500mm。

工件质量：1.0t。

工件形状：直管与直管、直管与弯头，如图 5-40 和图 5-41 所示。

复习思考题

一、填空题

1. 焊接专机是为_____和_____而专门设计的焊接自动化设备。

2. 按控制形式不同，焊接专机可分为_____、_____和_____三种。

3. 根据焊接行走轨迹，焊接专机可以归类为_____、_____、_____、_____、曲面专机以及由以上类型的多元组合而成的专机六大类。

4. 自动焊接专机主要由_____、_____、_____系统构成。

5. 自动焊接专机的机械系统主要由_____、_____及_____、_____、焊接工件或者焊枪移动机构等组成。

二、简答题

1. 什么是焊接专机？

2. 如何选择采用焊接专机来实施焊接自动化技术？

第六章 焊接自动化技术的应用

生产线上，自动化焊接代替工人操作越来越普遍。在实际应用中，焊接自动化技术主要以专机焊接和机器人焊接、自动化焊接工作站三种形式出现。本章重点介绍典型的专机焊接应用、机器人焊接应用和自动化焊接工作站。

本章共三节内容。第一节以十字操作架焊接、管-板自动焊机焊接、管-管对接环缝自动焊机焊接三个案例来介绍专机焊接的应用；第二节通过示教编程和机器人焊接实例来介绍机器人焊接的应用；第三节通过工作站和生产线这两个综合性应用案例来介绍自动化焊接工作站的应用。

第一节　专机焊接

专机的设计和应用主要针对特定的产品进行，不同的产品焊接，其所需的专机结构和要求是不同的，本节所讲述的专机焊接，主要是在市场上应用较普遍且具有代表性的十字操作架专机焊接、管-板专机焊接和管-管专机焊接。

一、十字操作架专机焊接

1. 任务描述

产品结构如图 6-1 和图 6-2 所示，为某公司生产的阀门阀体。产品材质为碳钢，其焊接位置在阀体内腔，焊缝分布情况如图 6-3 所示。要求如下：

1）采用十字操作架加 TIG 电源专机焊接。

图 6-1　阀门阀体本体实物

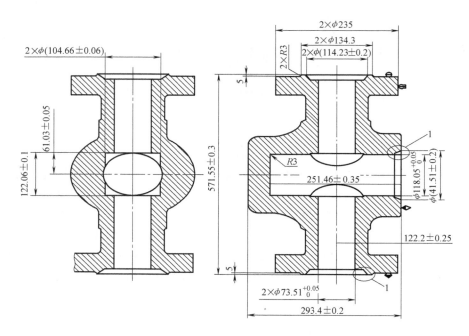

图 6-2　阀门阀体本体设计

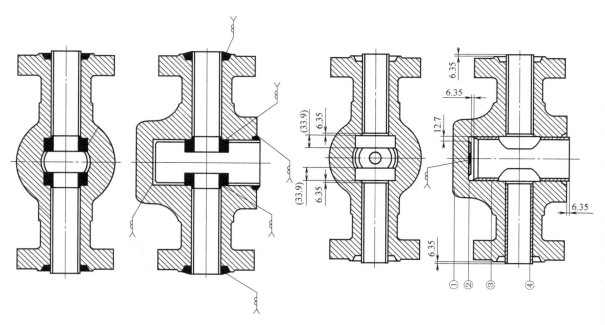

图 6-3　阀门内孔表面堆焊焊缝分布情况

2）采用 Ar 作保护气体，使用 Inconel 625、φ1.2mm 焊丝堆焊。

3）焊后需通过着色检测、超声波检测、滤纸斑点测试、切屑样品化学成分分析等方法检验焊缝。

4）所有堆焊产品需满足 ASME IX 标准、API Specifications 6A（PSL 1-4）、API Specifica-

tion 17D 的标准、NACE MR01-75 标准（有些还需另增加特殊测试）。

2. 任务分析

该产品是用于石油、海洋工程的阀门，其工作环境恶劣（如 -60 ~ 343℃及各种压力等级的高含量氯离子或硫化物场合），焊接位置主要是阀体的内壁堆焊，焊接质量控制要求严格，此类阀门内壁堆焊特点如下：

1）此类阀件重达数十吨，不易装配，很难用工装倾斜工件到理想的焊接位置。

2）需堆焊的孔径在 50mm 以上，堆焊深度达 2m，存在较大的焊接可达性问题及全位置焊接要求，人工操作的难度非常大。

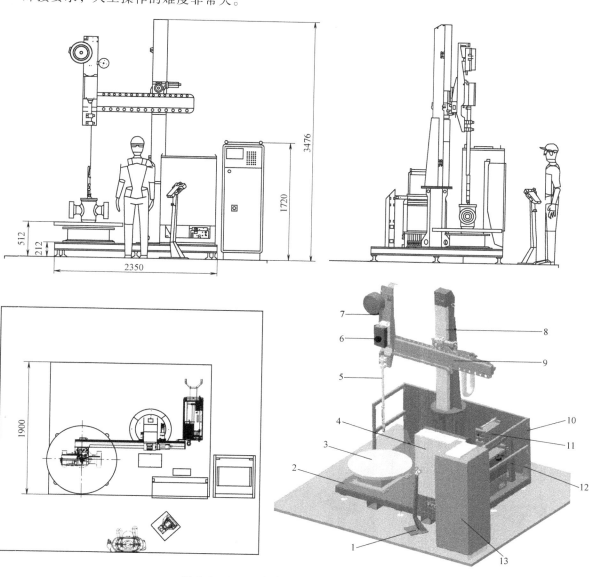

图 6-4　ETR-S 全自动堆焊系统组成示意图

1—遥控器　2—集成　3—转台　4—供电柜　5—堆焊焊枪　6—送丝机　7—焊丝　8—立柱
9—横梁（伺服马达）　10—安全护栏　11—热丝电源　12—TT500 焊机　13—堆焊控制器

3）堆焊尺寸要求高。在立向位置堆焊的厚度为 0.175in（4.45mm），在平面位置时堆焊厚度为 0.165in（4.2mm），堆焊的高度精度控制在 0.01in（0.25mm），机加工后的堆焊尺寸需达到 3.17mm。

3. 任务实施

（1）设备选择　焊接设备选用某公司生产的 ETR-S 全自动堆焊系统，该设备是一套大型的十字操作架全自动化焊接专机系统，其系统组成如图 6-4 所示。该系统的工艺特点如下：

1）热影响区小、热裂纹的倾向降低。

2）母材稀释率低，提升了耐蚀性。

3）焊接无飞溅，合金元素烧损少，焊接缺欠少，耐蚀性提高，焊缝力学性能好。

4）更高的熔敷效率，两倍以上的焊接速度，稀释率降低 60%，同等电流和焊接速度情况下提高了 30%～50% 堆焊面积或厚度等。

（2）焊接

1）焊材。采用 Inconel 625，$\phi1.2mm$。

2）焊接方法。热丝 TIG 堆焊。

3）焊接参数。焊接参数见表 6-1。

表 6-1　焊接参数

焊枪角度	焊接电流	电弧电压	焊接速度	气体流量
45°	180～220A	12～14V	15～25cm/min	10～15L/min

4）内孔焊接时焊枪的运动轨迹。图 6-5 所示为 ETR 焊枪运行轨迹示意图、图 6-6 所示为阀门阀体主孔的焊接，图 6-7 所示为阀门阀体相贯孔的焊接。

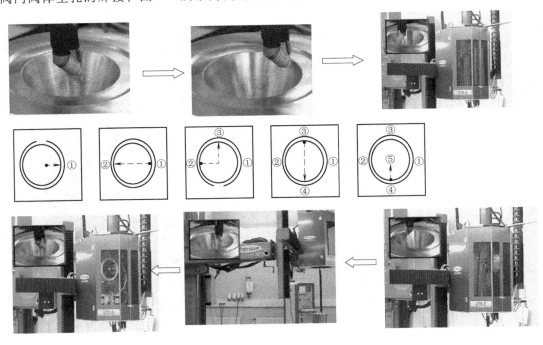

图 6-5　ETR 焊枪运行轨迹示意图

图 6-6　阀门阀体主孔的焊接

图 6-7　阀门阀体相贯孔的焊接

5）焊接效果。产品焊接过程中的焊缝效果如图 6-8 所示，阀门内孔表面的堆焊效果如图 6-9 所示。

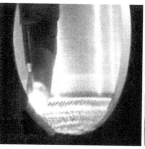

图 6-8　焊接过程中的焊缝效果

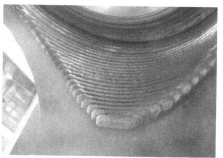

图 6-9　阀门内孔表面堆焊效果

二、管-板专机焊接

1. 任务描述

产品结构如图 6-10 所示，为一锅炉热交换器。板材材质为 Q235，管材材质为 Q345R（20g），管与板连接的接头形式有 6 种，如图 6-11 所示。焊接位置为平角焊位置。任务要求如下：

图 6-10　锅炉热交换器

1）采用专机焊接。

2）采用 CO_2 作保护气体，使用直径 1.0 mm 的 H08Mn2SiA 焊丝。

3）所有焊缝均进行水压试验，焊缝表面波纹均匀整齐，焊缝成形良好。

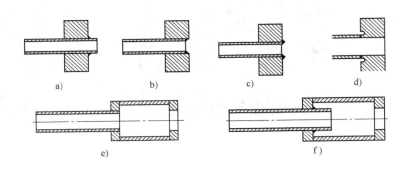

图 6-11　热交换器管-板角焊缝接头形式

a) 管伸出　b) 管平齐　c) 管内缩　d) 内孔　e) 深孔焊　f) 管箱焊

2. 任务分析

锅炉热交换器管-板焊接的焊接质量要求极高。由于其管口较多，排列很密集且接头形式复杂，如采用传统的手工 TIG 焊或焊条电弧焊完成，则焊接时的劳动条件极差，增加劳动强度和操作难度，难以保证焊接质量。选择管-板焊接专机进行焊接，可以很好地保证产品的焊接质量，提高生产效率。

3. 任务实施

（1）设备选择　选择某公司生产的 FTW35-118 管-板自动焊专机，该设备是采用最先进

的全数字化逆变脉冲 MIG/MAG 电源，依托电源对电弧特性的稳定控制，并结合精密的控制器和定位行走机构，针对锅炉、散热器行业管-板焊接需求精心设计、量身定做的一套全自动高效管-板焊接专机系统。在保证高质量焊接的前提下，焊接效率是 TIG 或 MMA 工艺的 2 倍以上，同时大大降低了对焊接人员的焊接操作技能要求和减少人为因素对焊接的负面影响。

FTW35-118 管-板自动焊专机系统配置如图 6-12 所示。

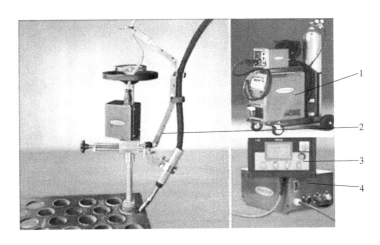

图 6-12　FTW35-118 管-板自动焊专机系统配置

1—TPS5000 电源　2—FTW-35-118 专机焊接头　3—FRC-40 遥控器　4—FCU-FTW 控制盒

（2）焊接

1）焊接位置。焊接位置为平角焊位置，如图 6-13 所示。

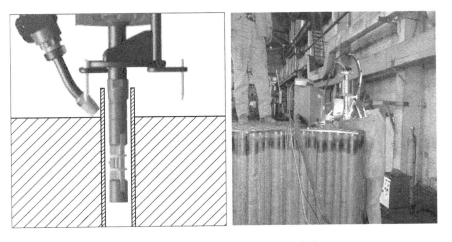

图 6-13　热交换器管 - 板角焊缝焊接位置

2）焊枪。焊枪提升装置如图 6-14 所示。

3）焊接参数见表 6-2。

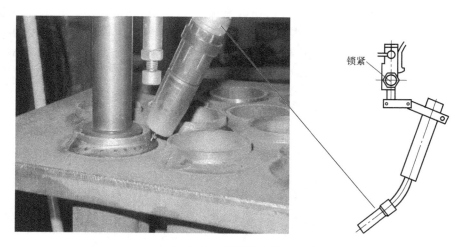

图 6-14　焊枪提升装置

表 6-2　焊接参数

焊枪角度	焊接电流	电弧电压	焊接速度	气体流量
40°~45°	150~210A	22~24V	15~20cm/min	10~15L/min

4）产品焊接效果。产品焊接效果如图 6-15 所示。

图 6-15　锅炉热交换器管-板接头焊接效果

三、管-管专机焊接

1. 任务描述

产品结构如图 6-16 所示，为某企业新开发上市的新型环保节能锅炉内部结构。材质为 Q345（16Mn），壁厚为 12mm，直径有 φ200mm、φ280mm 和 φ350mm 三种规格，长度分别为 4200mm、5600mm 和 6000mm。接头形式为管-管对接。任务要求如下：

1）采用专机焊接。

2）采用 82% Ar + 18% CO_2（体积分数）作保护气体，使用 φ1.0 mm 的 H08Mn2SiA 焊丝。

3）正、背面焊缝余高 0~3mm，焊缝两侧无咬边，焊缝表面无气孔、焊瘤、夹渣或裂纹等缺欠，波纹均匀整齐，焊缝成形良好；焊缝内部质量按 GB/T 3323—2005《钢制压力容器》标准 X 射线检测达二级以上。

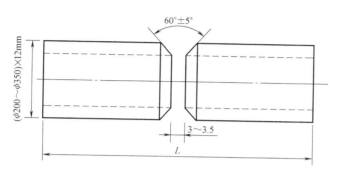

图 6-16　产品焊接接头的结构

2. 任务分析

由于该产品属于压力管道，焊缝质量要求较高，为全焊透焊缝，而且产品管径不大，焊接作业时无法进行双面施焊，必须采用单面焊双面成形工艺才能完成。为了提高焊接质量和效率，采用管-管自动焊接专机加激光跟踪技术进行焊接作业。

3. 任务实施

（1）焊接系统　采用 JD2010 管-管自动焊专机。

（2）焊接电源　采用松下 KR-350 焊机。

（3）保护气体　采用 82Ar + 18% CO_2（体积分数）。

（4）焊接参数　焊接参数见表 6-3。

表 6-3　焊接参数

焊接层次	焊接电流/A	电弧电压/V	焊接速度（cm/min）	气体流量（L/min）
打底层	100~105	18~18.5	15~20	10~15
填充层	120~125	19~20	15~20	10~15
盖面层	115~120	19~19.5	15~20	10~15

（5）坡口形式　V 形坡口，进行打底焊和填充层盖面层的多层焊接，如图 6-17 所示。

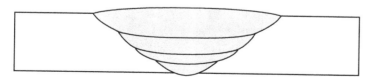

图 6-17　焊缝坡口截面

（6）焊缝成形　焊缝成形效果如图 6-18 所示。

（7）焊接现场案例　图 6-19 所示为管-管自动焊专机施焊现场。

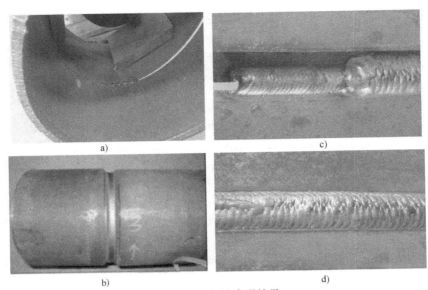

图 6-18　焊缝成形效果
a）打底层背面焊缝　　b）打底层正面焊缝　　c）填充层焊缝　　d）盖面焊缝

图 6-19　焊接现场
a）打底层焊接　　b）打底层焊缝　　c）填充层焊接　　d）盖面层焊接

第二节　机器人焊接

机器人焊接时，选择不同品牌的机器人其操作是有区别的，本节主要以松下机器人为例进行弧焊机器人的焊接介绍。

一、示教编程

1. 示教编程的概念

（1）示教器　示教器（FlexPendant）又称为示教编程器，是机器人控制系统的核心部件，用于注册和存储机械运动或处理记忆，该设备是由电子系统或计算机系统控制执行的，如图 6-20 所示。

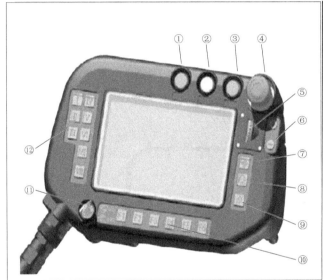

No.	名称
①	起动开关
②	暂停开关
③	伺服ON开关
④	紧急停止开关
⑤	拨钮
⑥	+/-键
⑦	登录键
⑧	窗口切换键
⑨	取消键
⑩	用户功能键
⑪	模式切换开关
⑫	动作功能键

图 6-20　示教器

（2）示教编程的定义　用机器人代替人进行作业时，必须预先对机器人发出指令，规定机器人应该完成的动作和作业的具体内容，操作者通过示教器对机器人进行手动示教，利用机器人语言进行在线或离线编程，实现程序回放，让机器人执行程序要求的轨迹运动，这个指示过程称为示教编程。对机器人的示教内容通常存储在机器人的控制装置内，通过存储内容的再现，机器人就能实现人们所要求的动作和所赋予的作业内容。示教编程通过机器人示教器来完成。

2. 示教编程

示教编程内容主要由两部分组成，一是机器人运动轨迹的示教，二是机器人作业条件的示教。机器人运动轨迹的示教主要包括运动类型和运动速度的示教。机器人作业条件的示教包括被焊金属的材质、板厚、对应焊缝形状的焊枪姿势、焊接参数、焊接电源的控制方法等的示教。

目前机器人语言还不是通用型语言，各机器人生产厂都有自己的机器人语言，给用户使

用带来了很大的不便，但各种机器人所具有的功能却基本相同，因此只要熟悉和掌握了一种机器人的示教方法，对于其他种类的机器人就很容易学会。下面以松下机器人示教器应用为例对示教编程进行介绍。

（1）机器人的结构　Panasonic 弧焊机器人主要由机器人本体、控制柜、示教编程器以及连接电缆组成，其外形结构如图 6-21 所示。该机器人的本体部分具有 RT、UA、FA、RW、BW 和 TW 共 6 个独立旋转关节，每个关节均由带数字旋转编码器的伺服电动机驱动，这样可以随时检测每轴的运动位置，精度高、灵巧，各轴的名称见表 6-4。

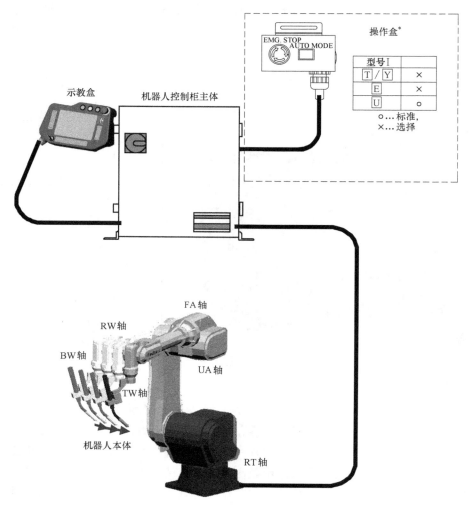

图 6-21　示教器

表 6-4　机器人轴的名称

轴的名称		轴的名称	
RT 轴	回转	RW 轴	旋转手腕
UA 轴	上臂	BW 轴	弯曲手腕
FA 轴	前臂	TW 轴	扭曲手腕

该机器人是示教再现型机器人，如图 6-22 所示。通过移动机器人手臂可以生成机器人操作的一个程序，例如焊接或顺序处理。这个过程被称为"示教"，可以储存在控制柜中。最后通过运行程序，机器人重复地执行一系列的示教操作（或再现一系列示教操作）。同时，自动执行正确的焊接和顺序处理。

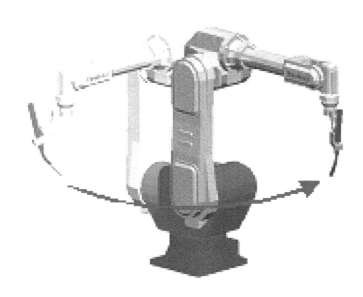

图 6-22 示教再现型机器人

（2）试教盒的使用 通过示教盒可以控制大多数的机器人的操作。在使用它之前必须确认彻底了解示教盒的功能和如何使用每个按键。示教器的正面和背面如图 6-23、图 6-24 所示。

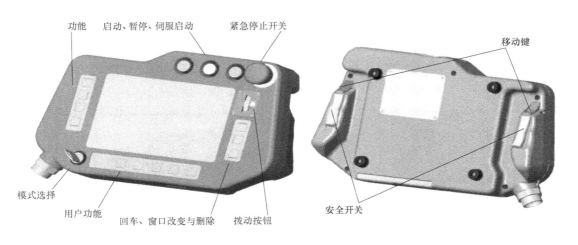

图 6-23 示教器（正面）

图 6-24 示教器（背面）

1）安全保护开关。

① 紧急停止开关（图 6-25）。通过切断伺服电源立刻停止机器人和外部轴操作。一旦按下，开关保持紧急停止状态（保留功能）。顺时针方向旋转释放该开关。

② 安全开关（图 6-26）。在操作时用于确保操作者的安全。当两个开关同时被释放或同时被用力按下时，切断伺服电源。轻按一个或两个开关打开伺服电源。

2）启动、暂停和闭合伺服开关（图 6-27）。

① 启动开关。在 AUTO 模式中该开关用于启动或重新启动机器人操作。

图 6-25 紧急停止开关

图 6-26 安全开关

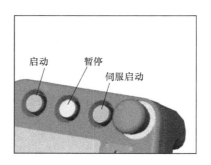

图 6-27 启动、暂停和闭合伺服开关

② 暂停开关。用于在伺服闭合状态下中止机器人操作。

③ 伺服启动开关。用于启动伺服电源。

3）模式选择开关（图 6-28）。为两位置开关，允许选择机器人的工作模式。将该开关置于示教模式，即可用示教盒操作机器人。运转操作时，将该开关置于 AUTO 位置。

4）拨动按钮。如图 6-29 所示，该按钮用来控制机器人手臂的运动、外部轴或屏幕上的光标，也被用于改变数据或选择一个选项。

拨动按钮有以下三个不同的操作（表 6-5）：

① 轻微移动。

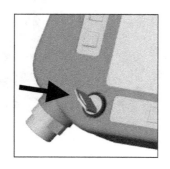

图 6-28 模式选择开关

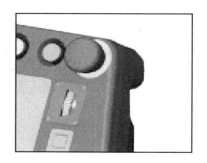

图 6-29 拨动按钮

② 按动（点击）。

③ 按住拨动按钮的同时向上或向下轻微移动。

表 6-5　拨动按钮的三个不同操作

① 向上/向下微动		移动机器人手臂或外部轴 向上微动：在（＋）方向中 向下微动：在（－）方向中 移动荧屏上的光标 改变数据或选择一个选项 指定选择的项目并保存它
② 按动（点击）		指定选择的项目并保存它
③ 微动（拖动）		保持机器人手臂的当前操作 按下后的拨动按钮旋转量决定变化量 停止轻微旋转然后释放 运动的方向与"向上/下微动"相同

5）窗口转换键。如图 6-30 所示，示教盒荧屏能同时显示多个窗口。使用该开关在窗口之中移动选择一个窗口并激活它。

① 在菜单图标条与编辑窗口之间转换。

② 在主窗口和子窗口之间转变。示教盒上的键仅对激活的窗口有效，如图 6-31 所示。

6）回车键与删除键（图 6-32）。

① 回车键。用于保存或指定一个选择。可以在窗口中点击 OK 按钮完成相同的功能。示教时该键用于保存示教点。

图 6-30　窗口转换键

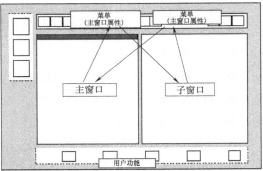

图 6-31　窗口转换界面

② 删除键。该键用于删除当前处理。可以在窗口中点击删除按钮完成相同的功能。如果增加或更新数据时按下该删除键，数据更新被删除，而数据保持不变。

7）功能键 如图6-33所示，每个键分别执行与所显示的功能图标对应的功能。

用户功能键用于完成每个用户功能键上方显示的用户功能图标对应的功能。用户能定制每个键的功能。

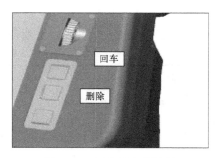

图 6-32 回车键和删除键

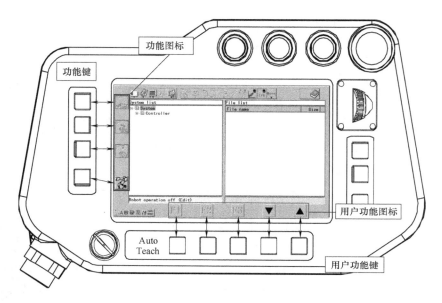

图 6-33 功能键

8）平移键。如图6-34所示，平移键位于示教盒的背面、安全开关的上方。在组合中用于其他的键（s）使用每一支平移键转变功能键的功能。

① L-平移键。用于坐标系中各轴的切换或按输入数值移动。各轴将按"主要部分轴"、"手腕轴"和"外部轴"（如果提供）的次序切换。

② R-平移键。用于功能选择或按照输入数字值移动。

（3）在屏幕上的工作方法。如图6-35所示，示教盒提供了一系列图标来定义屏幕上的各种功能，这样可以使工作更容易。移动光标到想要的图标并且点击拨动按钮显示子菜单图标或转变窗口。

1）移动光标。

① 用拨动按钮（图6-36）向上或向下轻微移动光标。光标的位置由粗线轮廓或反白显示表示。

② 点击拨动按钮显示子菜单项目（图6-37）或切换到保存-数据窗口或更新-数据窗口。

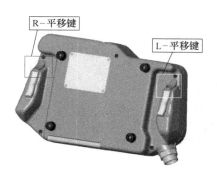

图 6-34 R 和 L 平移键

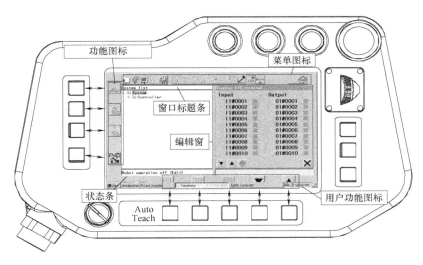

图 6-35　试教盒显示屏

③ 在保存-数据窗口或更新-数据窗口中，按动拨动按钮移动光标，然后点击它来定义数据或移到下个程序。

图 6-36　拨动按钮

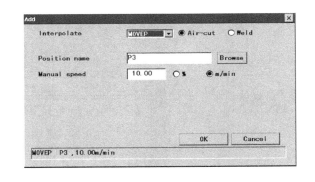

图 6-37　显示菜单数据窗口

2）选择菜单。如图 6-38 所示，使用拨动按钮选择一个菜单。

如果不知道图标的功能，可在图标上释放光标来显示图标名，如图 6-39 所示。

3）输入数值。输入数值窗口，如图 6-40 所示。

① 在数字输入框中输入数值。

② 使用 L-平移键或 R-平移键切换数值。

③ 使用拨动按钮修改数值。

④ 按回车键关闭窗口并保存所修改的数值。

⑤ 按删除键不保存所修改的数值直接关闭窗口。

4）输入字母。输入字母窗口，如图 6-41 所示。

① 显示字母输入框来输入特性。字母输入图标显示在功能键的右边。

② 其他输入字母键见表 6-6。

向上/向下微动来移动光标(红框)

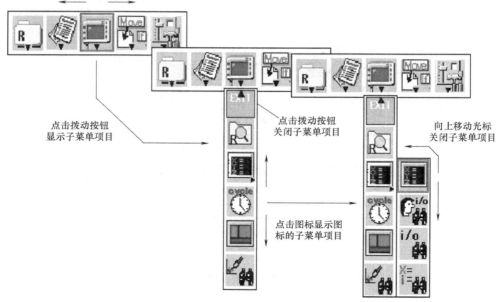

点击拨动按钮
显示子菜单项目

点击拨动按钮
关闭子菜单项目

向上移动光标
关闭子菜单项目

点击图标显示图
标的子菜单项目

图 6-38　选择菜单

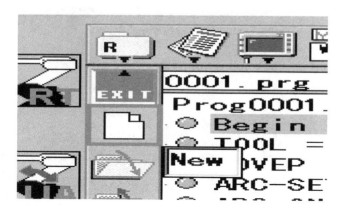

图 6-39　图标名

0000	
Cursor	—Left/Right Shift key
End	—Enter
Cancel	—ESC

图 6-40　输入数值窗口

Ⅰ	显示大写字母	
Ⅱ	显示小写字母	
Ⅲ	显示数字	
⬍	显示符号	

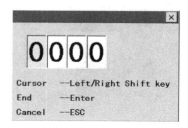

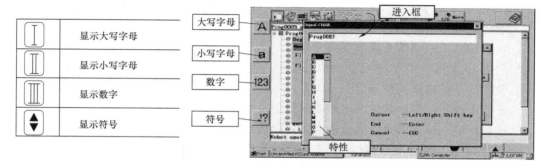

大写字母　A
小写字母　a
数字　123
符号　!?

进入框

特性

图 6-41　输入字母窗口

表 6-6　其他输入字母键

微动点击	将选择的特性输入进框内
平移键（L/R）	在框中左（L）、右（R）移动光标
回车键	规定进入
删除键	删除并关闭对话框

（4）示教模式下的操作　　如图 6-42 所示，当模式切换开关在示教模式时，使用示教盒可以制作或编辑机器人操作程序。

在示教模式，工具中心点（焊枪终端产生电弧的部位）的最大速度被限制在 15 m/min（250mm/s）。

1）闭合伺服电源。① 警示。参考界面如图 6-43所示。

① 闭合机器人控制器的电源开关，然后控制柜中的系统数据将被传输到示教盒来确保用示教盒操作机器人。

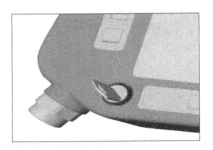

图 6-42　模式切换开关

⚠	危险	❗	闭合伺服电源前确保机器人工作范围内没有人在场

当闭合控制器的电源时：确保在再次闭合电源之前至少需要 3s 冷却时间。

② 轻轻按住一个安全开关（伺服启动开关开始闪）；闭合伺服启动开关（伺服启动开关亮）。

③ 当工作时，轻轻按住安全开关。解除或用力按住安全开关将关闭伺服电源。此时，需要注意，如果该用户已经注册，通过在"用户注册"中设定"闭合电源时显示注册"，即可显示用户身份对话框。根据下面的部分或操作手册（高级操作）输入正确的用户身份和密码。

注意！除非另外说明，解释说明是在伺服电源处于 ON 的前提上。

传送系统数据

操作状态

图 6-43　参考界面

第六章　焊接自动化技术的应用

2）用户身份设定。如图 6-44 所示，必须设定用户身份来进行示教或机器人设定的变更。使用用户身份的设定在出厂时不能进行编辑。

① 在设定菜单上，点击控制器和用户身份，登录屏幕出现。

② 在用户身份对话框中键入"robot"（小写），在密码对话框中键入"0000"（4 个零），然后点击 OK 按钮进入用户水平，允许示教和编辑机器人设定。

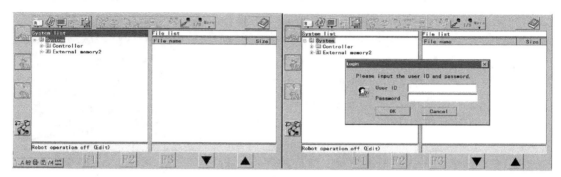

用户ID	robot
密码	0000

图 6-44 用户身份设定界面

3）手动操作。操作中使用示教盒移动机器人。在手动操作中机器人运动的数据将不会被保存。

 危险　在打开伺服电源之前一定要确定在机器人的工作范围内没有干扰机器人运动的人和物。

① 需要用手移动机器人，打开机器人运动图标灯，如图 6-45 所示。

② 按下动作功能键的同时转动微动刻度盘，对应的机器人手臂运动。

③ 释放功能键停止运动。

图 6-45 机器人运动图标灯

 补充

窗口右上方表示的窗口数值是机器人控制点（工具中心点）的移动量，释放动作功能

键时，恢复到零位。

① 进行坐标系的选择，则在"关节坐标系"中活动。想在其他的坐标系活动时，按下面的"动作坐标系的切换"来切换，如图 6-46 和图 6-47 所示。

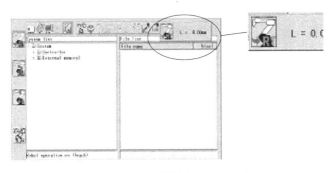

图 6-46　控制点移动量

② 转变同等的系统。有五个坐标系统可以从中选择，它们是关节、直角、工具、圆筒和用户坐标系。机器人依据不同的坐标系移动，按左切换键切换坐标系统机器人运动图标对应改变。

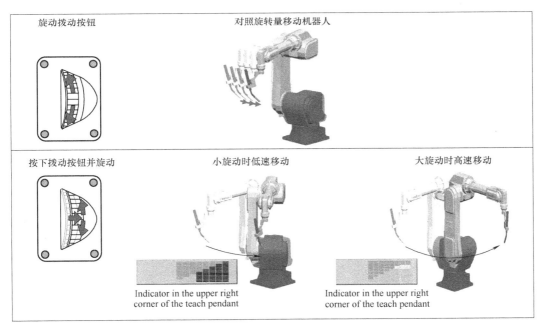

图 6-47　控制点移动量

4）产生示教程序。运用示教操作产生机器人运动和工作程序。当完成时，在操作模式中运转程序来实际操作机器人。示教流程如下：

① 产生一个文件，示教数据将被保存。

② 开始示教操作产生程序。

③ 使用跟踪操作，在示教操作完成或过程中，检查和/或更正示教数据。

④ 使用文件编辑操作，通过在示教或跟踪操作过程中或完成后靠编辑细节完成程序。

5）产生一个新程序。如图 6-48 所示，在开始示教操作之前，必须产生一个文件保存示教数据。

① 在 R（文件）菜单上，按“新的”，出现一个新的对话框。

② 填写或者改变领域如有必要，然后按 OK 钮作为一个新的文件保存。在示教操作中，产生示教点数据和机器人命令。而且文件编辑操作（示教数据）将会在文件中被保存。

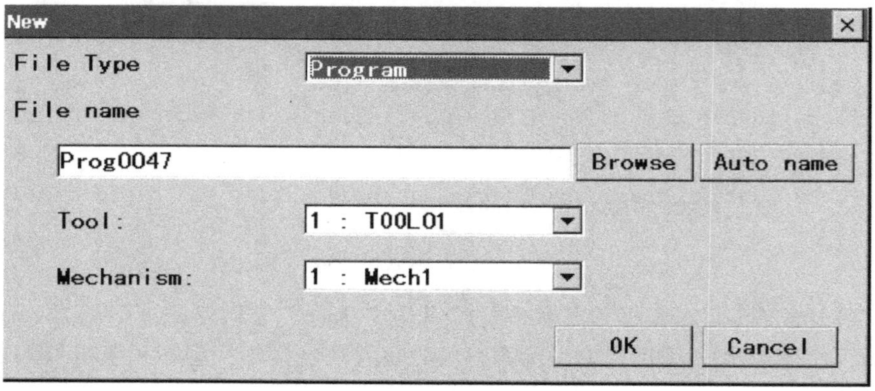

New
File Type
Program
File name
Prog0047
Browse
Auto name
Tool:
1 : TOOL01
Mechanism:
1 : Mech1
OK
Cancel

图 6-48　产生新程序

［文件名］最初的文件名由机器人自动生成，用户可使用该名字或重新命名。

［工具］指定储存工具的数据工具号。

［机械］对于有外部轴的机器人系统，可以自由地分类机器。

出厂时设置为“1：Mech 1”。

（注意）对于“工具”和“机械”的细节，参考操作手册（高级操作）。

6）示教和保存示教点。如图 6-49 所示，当保存示教点时，机器人定位数据和运行方式同时被保存。示教点保存的更改及运行方式是从前一示教点到现在示教点的运行方式。

① 将编辑类型打到“增加”。

② 当需要用手移动机器人时，打开机器人运动图标灯，把编辑窗口激活；

运行方式
(插补及速度)
所有这些信息随每
个示教点一同保存
示教点
机器人运动ON
用拨动钮控制机器人运动

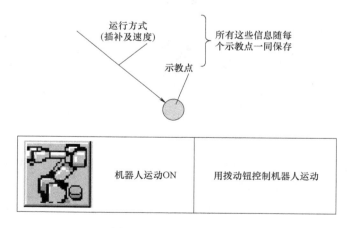

图 6-49　示教及保存示范

③ 移动机器人到开始点，然后按回车键，出现如图 6-50 所示的对话框。

④ 若必须在对话框中改变地址，并按回车键或按 OK 按钮作为示教点保存它。

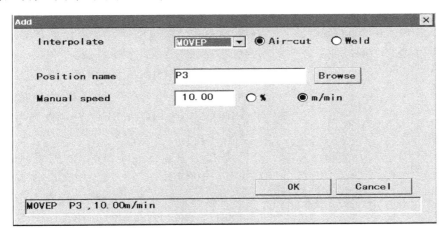

图 6-50　对话框

说明：

[插补]：在示教点间叙述一个插补类型。例如，MOVEL 的意思是机器人直线运动。

空走：用来检查从现在的示教点到下个示教点焊接操作"焊接"的圆周点。否则，检查"空走"的圆周。

焊接：用来检查从现在的示教点到下个示教点焊接操作"焊接"的圆周点。

[位置名称]：叙述示教点位置参数。

[手动速度]：叙述对从前一示教点到现在示教点的机器人运行速度。

[关节计算]：通常设为"0"，或为特别的计算叙述 1、2 或 3。

（如果示教点是"MOVEP"，这个领域不可用）

注意：通常机器人控制器原点被用在开始点。

7）每个插补方式的运动命令。选择的插补类型与对应的运动命令一同保存。插补类型的运动命令见表 6-7。示教时，首先接通机器人主电源，等待系统完成初始化后，打开示教编程器上面的急停开关，选择示教模式，然后持续按住安全开关，同时按下伺服开关，伺服电源接通，建立一个新程序，选择合适的坐标系，登录程序点和插入机器人指令，做好这一系列工作后，利用跟踪功能完成编制程序的修正与试运行。确保程序正确无误后，方可进行引弧施焊。

表 6-7　插补方式运行命令

移动命令	插补类型
移动	PTP
MOVEL	直线
MOVEC	圆弧
MOVELW	直线摆动
MOVECW	圆弧摆动

注：摆动插补的振幅点登录在运动命令 WEAVEP

8）弧焊机器人典型轨迹示教。

① 直线轨迹示教。如图 6-51 所示，弧焊机器人完成直线轨迹焊缝的焊接仅需 2 个属性点，编程指令选"MOVEL"，2 点之间插补类型为直线插补。示教程序主体部分如下：

- MOVEPP1，3.00m/min   //P1 空走点，蓝色圆标记，示教速度 3.00m/min。
- MOVELP2，1.00m/min   //P2 焊接起始点，红色圆标记，示教速度 1.00m/minARC-SETAMP = 120VOLT = 19.2S = 0.50//焊接电流 120A，电压 19.2V，焊接速度 0.50m/min ARC-ONArcStart1.prgRETRY = 0//调用系统内部起弧程序。
- MOVELP3，0.50m/min   //P3 焊接结束点（空走点），蓝色圆标记 CRATER-AMP = 100VOLT = 18.2T = 0.50//收弧电流 100A，电压 18.2V，收弧时间 0.50sARC-OFFArcEnd1.prgRELEASE = 0//调用系统内部收弧程序。
- MOVELP4，3.00m/min   //P4 空走点，蓝色圆标记。

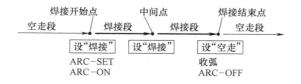

图 6-51　直线轨迹

② 圆弧轨迹示教。如图 6-52 所示，弧焊机器人实现圆弧轨迹焊缝的焊接通常需 3 个以上属性点，编程指令选"MOVEC"，2 点之间插补类型为圆弧插补。

图 6-52　直线轨迹示教

- MOVEPP1，3.00m/min   //P1 空走点，蓝色圆标记。
- MOVECP2，1.00m/min   //P2 焊接起始点，红色圆标记 ARC-SETAMP = 120VOLT = 19.2S = 0.50ARC-ONArcStart1.prgRETRY = 0。
- MOVECP3，0.50m/min   //P3 焊接中间点，红色圆标记。
- MOVECP4，0.50m/min   //P4 焊接结束点（空走点），蓝色圆标记 CRATERAMP = 100VOLT = 18.2T = 0.50ARC-OFFArcEnd1.prgRELEASE = 0。
- MOVELP5，3.00m/min   //P5 空走点，蓝色圆标记。

③ 附加摆动示教。如图 6-53 所示，为了能够有效地控制电弧热源对熔敷金属的作用和焊接熔池的温度场分布，就需要赋予焊枪摆动功能。Panasonic 弧焊机器人可实现低速单摆、

高速单摆、L 形、三角形、U 形和梯形摆动 6 种类型。直线摆动示教用"MOVELW",圆弧摆动用"MOVECW",振幅点设置为"WEAVEP",2 点之间插补类型为直线或圆弧插补。直线摆动焊接需 4 个属性点,而圆弧摆动则需 5 个属性点。通过对图给出的运动轨迹进行示教,说明弧焊机器人摆动功能示教的关键所在。

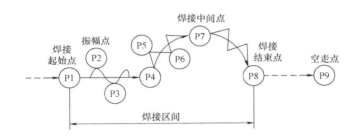

图 6-53 圆弧轨迹示教

在图 6-53 中,P1、P2、P3、P4 点构成直线摆动轨迹,其中 P1、P4 为直线摆动主轨迹方向控制点,P2、P3 为直线摆动振幅点。P4、P5、P6、P7、P8 五点组成圆弧摆动轨迹,其中 P4、P7、P8 为圆弧摆动主轨迹方向控制点,P5、P6 为圆弧摆动振幅点。P8、P9 为空走点,其余为焊接点,示教程序主体部分如下:

- MOVELWP1,1.00m/min,Ptn=2,F=2.5,T=0.0   //P1 直线摆动焊接起始点,L 形摆动,频率 2.5Hz,停留时间 0s,红色圆标记,ARC-SETAMP=120VOLT=19.2S=0.50ARC-ONArcStart 1. prgRETRY=0。

- WEAVEPP2,1.00m/min,T=0.1。
- WEAVEPP3,1.00m/min,T=0.1   //P2、P3 摆动振幅点,示教速度 1.00m/min 在振幅点停留 0.1s,黄色圆标记。

- MOVECWP4,0.50m/min,Ptn=2,F=2.5,T=0.0   //P4 直线摆动焊接结束点,圆弧摆动焊接起始点,红色圆标记。

- WEAVEPP5,1.00m/min,T=0.1。
- WEAVEPP6,1.00m/min,T=0.1。
- MOVECWP7,0.50m/min,Ptn=2,F=2.5,T=0.0。
- MOVECWP8,0.50m/min,Ptn=2,F=2.5,T=0.0。
CRATERAMP=100VOLT=18.2T=0.50ARC-OFFArcEnd1. prgRELEASE=0。
- MOVELP9,3.00m/min。

第六章 焊接自动化技术的应用

二、机器人直线焊接

1. 任务描述

产品结构如图 6-54 所示，材料为 Q235，焊接位置为平对接焊。产品要求如下：

1）采用 CO_2 作保护气体，使用直径 1.0 mm 的 H08Mn2SiA 焊丝，通过手动操作机器人完成焊接作业。

2）焊缝宽度 5～6mm，余高 0～3mm，焊缝均匀整齐，成形良好。

图 6-54　产品结构

2. 任务分析

该产品属于薄板焊接，其接头形式为Ⅱ形坡口对接，焊接位置为平焊，直接采用机器人直线行走即可，操作简单。

3. 任务实施

（1）设备　机器人 Panasonic TA-1400，控制系统 Panasonic GⅢ1400，电源 Panasonic YD-500GR3。

（2）示教运动轨迹　该产品的示教运动轨迹如图 6-55 所示，主要由编号①～⑥的六个示教点组成。示教点处焊枪姿态参考角度如下：①、⑥点为原点（或待机位置点，其处于与工件、夹具不干涉的位置），焊枪姿态一般为 45°（相对 X 轴）；③、④点为焊接开始点和结束点，焊枪姿态为平行于焊缝法线且与待焊方向成一夹角（100°～110°）；②、⑤点为过渡点，也要处于与工件、夹具不干涉的位置，焊枪角度任意。

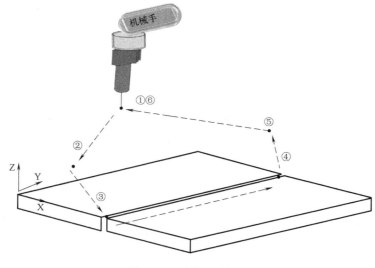

图 6-55　示教运动轨迹

（3）示教程序　示教程序如图6-56所示。

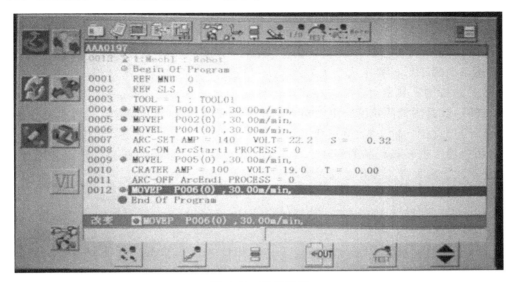

图 6-56　示教程序

（4）焊接效果　焊接效果如图6-57所示。

图 6-57　焊接效果

三、机器人圆弧焊接

1. 任务描述

产品结构如图6-58所示，材料为 Q235 ，焊接位置为管俯位平角焊。产品要求如下：

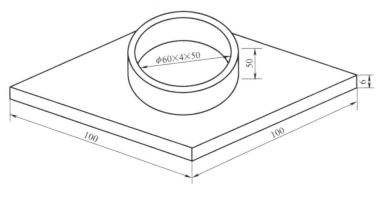

图 6-58　产品结构

第六章　焊接自动化技术的应用

1）采用 CO_2 作保护气体，使用 $\phi 1.0$mm 的 H08Mn2SiA 焊丝，通过手动操作机器人完成焊接作业。

2）焊缝焊脚高度 5～6mm，焊缝表面波纹均匀整齐，焊缝成形良好。

2. 任务分析

1）该产品属于管板骑座式接头形式，焊接位置为管垂直俯位平角焊。管板骑座式接头是 T 形接头的特例，其示教要领与板式 T 形接头相似。所不同的是，管-板焊缝在管子的圆周根部，即示教时焊枪的角度、电弧对中的位置需要随着管-板角接接头的弧度变化而变化。再者，管子与地板在焊接时的散热状况和熔化情况不同，易产生咬边、焊偏等现象。

2）用机器人进行该产品的焊接，可以采用圆弧（内、外圆）传感示教，也可直接采用圆弧轨迹示教，后种方法操作较简单。

3. 任务实施

（1）设备　机器人 Panasonic TA-1400，控制系统 Panasonic G Ⅲ 1400，电源 Panasonic YD-500GR3。

（2）示教运动轨迹　该产品的焊接直接采用圆弧轨迹示教，其示教轨迹如图 6-59 所示，主要由编号①～⑪的九个示教点组成。其中①、⑪点为原点（或待机点），其处于与工件、夹具不干涉的位置，焊枪姿态一般为 45°（相对 X 轴）；②、③、⑨、⑩点为过渡点（前进或退避点），也要处于与工件、夹具不干涉的位置，焊枪角度任意；④～⑧点为焊接点，焊枪姿态为与两工件夹角成 45°，与焊缝待焊方向成 100°～110°。

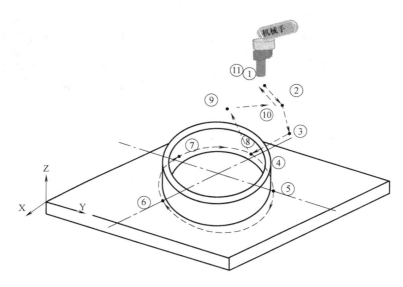

图 6-59　示教运动轨迹

（3）示教程序　示教程序如图 6-60 所示。

（4）焊接效果　焊接效果如图 6-61 所示。

四、机器人中厚板角接接头焊接

1. 任务描述

产品结构如图 6-62 所示，材料为 Q235，焊接位置为俯位平角焊。其要求如下：

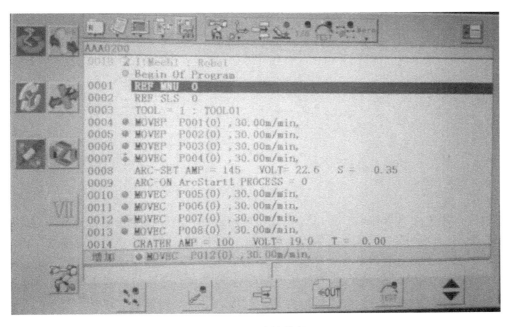

图 6-60 示教程序

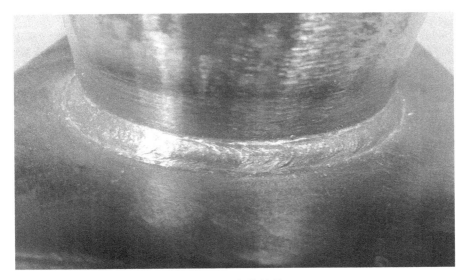

图 6-61 焊接效果

1）采用 CO_2 作保护气体，使用 $\phi1.0mm$ 的 H08Mn2SiA 焊丝，通过手动操作机器人并结合接触传感技术完成焊接作业。

2）焊缝根部全焊透，焊脚高度 16~17mm，焊缝两侧无咬边，焊缝表面无气孔、焊瘤、夹渣或裂纹等缺欠，波纹均匀整齐，焊缝成形良好。

2. 任务分析

该产品属于中厚板角焊缝焊接，其主要难点是保证根部焊透、焊缝的焊脚高度和防止焊

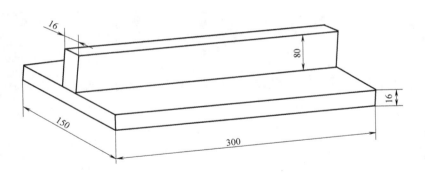

图 6-62　产品结构

趾处咬边。采用机器人焊接时，可以选择三种方式进行：第一种方式是直接选择直线加摆动一次焊接成形，此种方式的优点是编程简单，缺点是根部很难保证焊透，且易受工件的挪动影响；第二种方式是采用中厚板软件进行多层多道焊，其优点是根部焊透性好，缺点是编程较复杂，且易受工件的挪动影响；第三种方式是采用传感技术加多次多道焊中厚板软件程序或传感技术加多层多道焊人工设点进行焊接，其优点是既能保证根部焊透，又免受工件移动（在设定范围内）的影响，缺点是编程相对复杂，尤其是后者。

3. 机器人焊接

（1）设备　机器人 Panasonic TA-1400，控制系统 Panasonic G Ⅲ 1400，电源 Panasonic YD-500GR3。

（2）示教运动轨迹　该产品的焊接直接采用圆弧轨迹示教，其示教轨迹如图 6-63 所示，主要由编号①～⑯的九个示教点组成。其中①、⑯点为原点（或待机点），其处于与工件、夹具不干涉的位置，焊枪姿态一般为 45°（相对 X 轴）；②、⑤、⑥、⑨、⑫、⑮点为

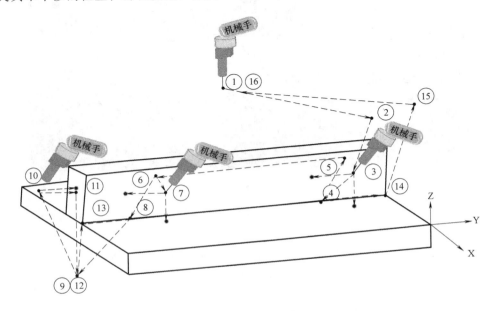

图 6-63　示教运动轨迹

过渡点（前进或退避点），也要处于与工件、夹具不干涉的位置，焊枪角度任意；③、④、⑦、⑧、⑩、⑪点为传感点，焊枪姿态为与两工件夹角成45°，⑬、⑭点为焊接点，焊枪姿态为与两工件夹角成45°，与焊缝待焊方向成100°~110°。

（3）焊接程序　焊接程序如图6-64所示。

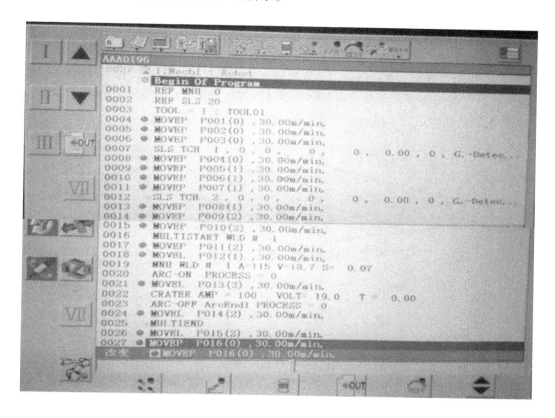

图6-64　焊接程序

（4）焊接效果　焊接效果如图6-65所示。

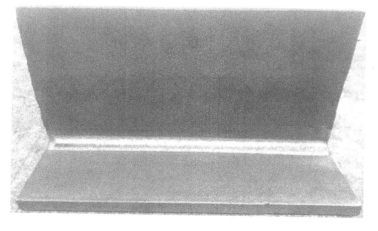

图6-65　焊接效果

第六章　焊接自动化技术的应用

五、机器人板-板对接接头单面焊双面成形

1. 任务描述

产品结构和尺寸如图 6-66 所示，材料为 Q235，接头形式为 V 形坡口对接接头，焊接位置为水平位置。产品要求如下：

1）采用 CO_2 作保护气体，$\phi 1.2mm$ 的 H08Mn2SiA 焊丝，通过手动操作机器人加接触传感和坡口检测技术完成焊接作业。

2）采用多层焊，第一层必须单面焊双面成形。

3）正、背面焊缝余高 0～3mm，焊缝两侧无咬边，焊缝表面无气孔、焊瘤、夹渣和裂纹等缺欠，波纹均匀整齐，焊缝成形良好；焊缝内部质量按 GB/T 3323—2005《钢制压力容器》标准 X 射线检测达二级以上。

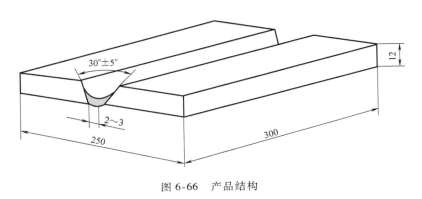

图 6-66 产品结构

2. 任务分析

单面焊双面成形工艺一般用于无法进行双面施焊但又要求焊透的焊接接头情况。此种技术适用于 V 形或 U 形坡口多层焊（打底、填充和盖面）的焊件上。广泛应用于锅炉、压力容器、管道以及其他一些重要的焊接结构中。该产品的焊接难点主要是第一层单面焊双面成形焊缝和各层之间易产生未熔合。采用机器人焊接，同样可以选择"直线加摆动一次焊接成形、中厚板软件多层多道焊和采用传感技术加多次多道焊中厚板软件程序或传感技术加多层多道焊人工设点进行焊接"三种方式进行（在本任务已明确要求采用加接触传感技术完成）。

3. 任务实施

（1）设备 机器人 Panasonic TA-1400，控制系统 Panasonic G Ⅲ 1400，电源 Panasonic YD-500GR3。

（2）示教运动轨迹 采用接触传感加中厚板多层多道焊软件进行示教编程和焊接，其示教轨迹如图 6-67 所示，主要由编号①～⑯的九个示教点组成。其中①、⑯点为原点（或待机点），其处于与工件、夹具不干涉的位置，焊枪姿态一般为 45°（相对 X 轴）；②、⑤、⑥、⑨、⑩、⑮点为过渡点（前进或退避），也要处于与工件、夹具不干涉的位置，焊枪角度任意；③、④、⑦、⑧点为坡口检测点，焊枪姿态为与两工件垂直，⑫、⑬点为焊接开始和结束点，焊枪姿态为与两工件垂直，与焊缝待焊方向成 100°～110°；⑪、⑭为多层焊循环点，焊枪姿态与焊接时相同。

（3）焊接程序 焊接程序见表 6-8。

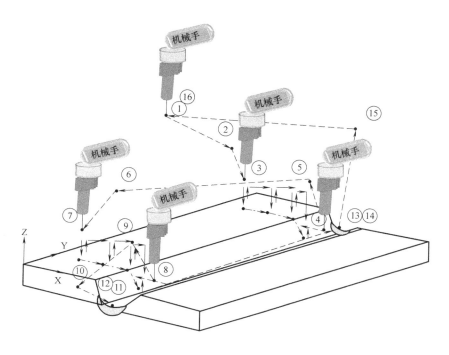

图 6-67　示教运动轨迹

表 6-8　焊接程序

```
●    Begin of Program
0001     REF    MNU    0
0002     REF    SLS    20
0003     TOOL  = 1  :TOOL01
0004  ●  MOVEP   P001 (0), 30.00m/min(原点或待机点)
0005  ●  MOVEP   P002 (0), 30.00m/min(前进点)
0006  ●  MOVEP   P003 (0), 30.00m/min(坡口传感检测开始点)
0007     SLS   TCH 1,0,0 , 0,   0, 0.00,0,G. – Detec...
0008  ● MOVEP   P004 (0), 30.00m/min(坡口传感点)
0009  ●  MOVEP   P005 (1), 30.00m/min(退避点)
0010  ●  MOVEP   P006 (1), 30.00m/min(前进点)
0011  ●  MOVEP   P007 (1), 30.00m/min(坡口传感检测开始点)
0012     SLS   TCH 2,0,,0 , 0,   0, 0.00,1,G. – Detec...
0013  ●  MOVEP   P008(1), 30.00m/min(坡口传感点)
0014  ●  MOVEP   P009(2), 30.00m/min(退避点)
0015  ●  MOVEP   P010(2), 30.00m/min(前进点)
0016     MULTISTART    WLD  # 1
0017  ●  MOVEP   P011(2), 30.00m/min(循环开始点)
0018  ●  M OVEL   P012 (1) , 30.00m/min(起焊点)
0019     MNU   WLD  #  1  A = 105   V = 17.8   S = 0.10
0020     ARC-ON      PROCESS = 0
0021  ●  MOCEL   P013 (2), 30.00m/min (收弧点)
0022     CRATER   AMP = 100   VOLT = 19.0   T = 0.00
0023     ARC. :-OFF   ArcEnd1  PROCESS =  0
0024  ●  MOVEP   P014 (2) , 30.00m/min(循环结束返还点)
0025     MULTIEND
0026  ●  MOVEL   P015(2), 30.00m/min(退避点)
0027  ●  MOVEP   P016 (0), 30.00m/min(原点或待机点)
```

（4）焊接效果　焊缝正背面的焊接效果如图6-68和图6-69所示。

 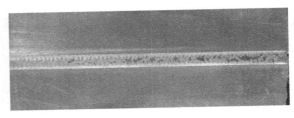

图6-68　背面焊缝　　　　　　　　　　　　　图6-69　正面焊缝

六、机器人综合焊接应用

1. 任务描述

产品结构和尺寸如图6-70所示，材料为Q235，该产品为2014年北京"嘉克杯"国际焊接技能大赛机器人焊接竞赛项目试题，其由3个试件（即220mm×150mm×16mm、80mm×80mm×16mm和ϕ80mm×16mm）组成，焊缝位置均为水平角焊位置。产品要求如下：

1）采用CO_2作保护气体，ϕ1.2mm的H08Mn2SiA焊丝，通过手动操作机器人完成焊接作业。

2）焊脚高度为12～14mm，焊趾处无咬边，焊缝表面波纹均匀整齐，焊缝成形良好。

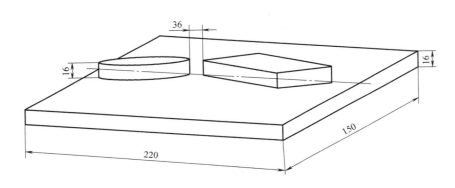

图6-70　产品结构

2. 任务分析

该产品的焊缝均属于平角焊缝，其焊接难点主要在于以下几个方面：

1）保证每条角焊缝根部焊透、焊缝的焊脚高度和防止焊趾处咬边。

2）保证方板试件四个转角处的焊缝成形和咬边。

3）保证方板和圆块相接处的焊缝质量。

3. 任务实施

（1）设备　机器人PanasonicTA-1400，控制系统PanasonicGⅢ1400，电源PanasonicYD-500GR3。

（2）示教运动轨迹　直接采用曲线加摆动和直线加摆动示教编程与焊接，其示教轨迹如图6-72所示，主要由编号①～⑫的72个示教点组成。其中①、⑫点为原点（或待机点），其处于与工件、夹具不干涉的位置，焊枪姿态一般为45°（相对X轴）；②、③、⑪、⑫、

⑬、⑦点为过渡点（前进或退避），也要处于与工件、夹具不干涉的位置，焊枪角度任意；④ ~ ⑩点圆试件焊接轨迹，其中④、⑩点分别为起焊点和结束点，焊枪姿态为与两工件夹角成 45°，与焊缝待焊方向成 100° ~ 110°；⑭ ~ ⑦点为方块试件的焊接轨迹，其中⑭点为起焊点和⑦点为结束点，且途中 *AB*、*BC* 和 *DA* 三面的示教轨迹均与 *CD* 面的示教轨迹（即图 6-71 中）的⑫ ~ ⑯点相同（本题也可采用多层多道焊接、传感技术等其他方法进行示教焊接）。

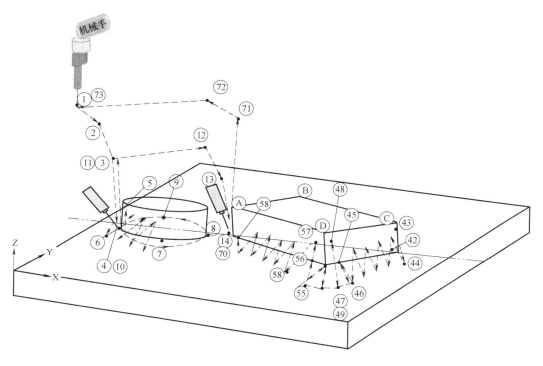

图 6-71　示教轨迹

（3）示教程序　示教程序见表 6-9。

表 6-9　示教程序

●	BeginofProgram		
0001		TOOL = 1；TOOL01	
0002	●	MOVEP	P001，10.00m/min
0003	●	MOVEP	P002，10.00m/min
0004	●	MOVEP	P003，10.00m/min
0005	●	MOVECW	P004　10.00m/min，Ptn = 1，F = 0.5
0006		ARC-SET	·AMP = 145　VOLT = 21.6　S = 0.07
0007		ARC-ON	ArcSta：rt1　PROCESS = 0，
0008	○	WEAVEP	P005，10.00m/min，T = 0.4
0009	○	WEAVEP	P006，10.00m/min，T = 0.1
0010	●	MOVECW	P007，10.00m/min，Ptn = 1，F = 0.5
0011	●	MOVECW	P008，10.00m/min，Ptn = 1，F = 0.5
0012	●	MOVECW	P009，10.00m/min，Ptn = 1，F = 0.5
0013	●	MOVECW	P010，10.00m/min，Ptn = 1，F = 0.5
0014		ARC-SET	·AMP = 100　VOLT = 18.0　S = 0.10
0015		ARC-OFF	ArcSta：rt1　PROCESS = 0
0016	○	WOVEL	P011，10.00m/min，

0017	○	WOVEL	P012，10.00m/min，
0018	●	WOVEL	P013，10.00m/min
0019	●	MOVELW	P014，10.00m/min，Ptn = 1，F = 0.5
0020		ARC-SET	·AMP = 130　VOLT = 19.0　S = 0.07
0021		ARC-ON	ArcSta：rt1　PROCESS = 0，
0022	○	WEAVEP	P015，10.00m/min，T = 0.2
0023	○	WEAVEP	P016，10.00m/min，T = 0.4
0024	●	MOVELW	P017，10.00m/min，Ptn = 1，F = 0.5
0025		ARC-SET	·AMP = 100　VOLT = 18.0　S = 0.47
0026	●	MOVEL	P018，10.00m/min
0027	●	MOVEL	P019，10.00m/min
0028	●	MOVEL	P020，10.00m/min
0029	●	MOVEL	P021，10.00m/min
0030	●	MOVEL	P022，10.00m/min
0031	●	MOVEL	P023，10.00m/min
0032	●	MOVEL	P024，10.00m/min
0033	●	MOVEL	P025，10.00m/min

（续）

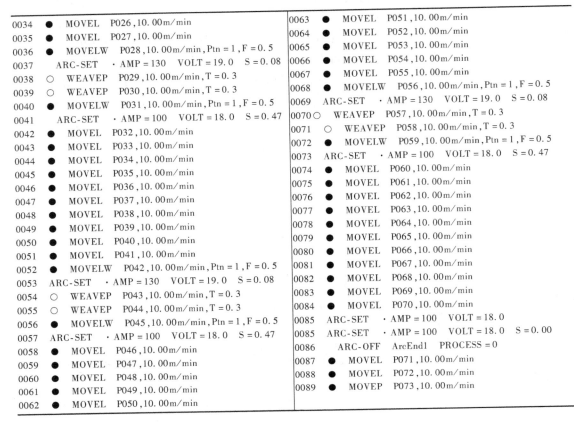

0034	●	MOVEL	P026,10.00m/min
0035	●	MOVEL	P027,10.00m/min
0036	●	MOVELW	P028,10.00m/min,Ptn = 1,F = 0.5
0037		ARC-SET	· AMP = 130 VOLT = 19.0 S = 0.08
0038	○	WEAVEP	P029,10.00m/min,T = 0.3
0039	○	WEAVEP	P030,10.00m/min,T = 0.3
0040	●	MOVELW	P031,10.00m/min,Ptn = 1,F = 0.5
0041		ARC-SET	· AMP = 100 VOLT = 18.0 S = 0.47
0042	●	MOVEL	P032,10.00m/min
0043	●	MOVEL	P033,10.00m/min
0044	●	MOVEL	P034,10.00m/min
0045	●	MOVEL	P035,10.00m/min
0046	●	MOVEL	P036,10.00m/min
0047	●	MOVEL	P037,10.00m/min
0048	●	MOVEL	P038,10.00m/min
0049	●	MOVEL	P039,10.00m/min
0050	●	MOVEL	P040,10.00m/min
0051	●	MOVEL	P041,10.00m/min
0052	●	MOVELW	P042,10.00m/min,Ptn = 1,F = 0.5
0053		ARC-SET	· AMP = 130 VOLT = 19.0 S = 0.08
0054	○	WEAVEP	P043,10.00m/min,T = 0.3
0055	○	WEAVEP	P044,10.00m/min,T = 0.3
0056	●	MOVELW	P045,10.00m/min,Ptn = 1,F = 0.5
0057		ARC-SET	· AMP = 100 VOLT = 18.0 S = 0.47
0058	●	MOVEL	P046,10.00m/min
0059	●	MOVEL	P047,10.00m/min
0060	●	MOVEL	P048,10.00m/min
0061	●	MOVEL	P049,10.00m/min
0062	●	MOVEL	P050,10.00m/min
0063	●	MOVEL	P051,10.00m/min
0064	●	MOVEL	P052,10.00m/min
0065	●	MOVEL	P053,10.00m/min
0066	●	MOVEL	P054,10.00m/min
0067	●	MOVEL	P055,10.00m/min
0068	●	MOVELW	P056,10.00m/min,Ptn = 1,F = 0.5
0069		ARC-SET	· AMP = 130 VOLT = 19.0 S = 0.08
0070	○	WEAVEP	P057,10.00m/min,T = 0.3
0071	○	WEAVEP	P058,10.00m/min,T = 0.3
0072	●	MOVELW	P059,10.00m/min,Ptn = 1,F = 0.5
0073		ARC-SET	· AMP = 100 VOLT = 18.0 S = 0.47
0074	●	MOVEL	P060,10.00m/min
0075	●	MOVEL	P061,10.00m/min
0076	●	MOVEL	P062,10.00m/min
0077	●	MOVEL	P063,10.00m/min
0078	●	MOVEL	P064,10.00m/min
0079	●	MOVEL	P065,10.00m/min
0080	●	MOVEL	P066,10.00m/min
0081	●	MOVEL	P067,10.00m/min
0082	●	MOVEL	P068,10.00m/min
0083	●	MOVEL	P069,10.00m/min
0084	●	MOVEL	P070,10.00m/min
0085		ARC-SET	· AMP = 100 VOLT = 18.0
0085		ARC-SET	· AMP = 100 VOLT = 18.0 S = 0.00
0086		ARC-OFF	ArcEnd1 PROCESS = 0
0087	●	MOVEL	P071,10.00m/min
0088	●	MOVEL	P072,10.00m/min
0089	●	MOVEP	P073,10.00m/min

（4）焊接效果　焊接后的焊缝效果如图 6-72 示。

图 6-72　焊缝效果

第三节　机器人工作站

一、概述

在自动化焊接技术应用中，在车间常出现这样一种现象：多个零部件被送入工作台设定

的位置后，工装夹具自动固定工件，然后焊接装备自动进行焊接，期间变位机、夹紧机构等装备配合机器人的节奏进行协同工作，当焊接停止时，这些零部件就成为一个完整的产品。这类自动化焊接技术应用，就是人们常说的工作站。它结合了自动化专机焊接、机器人焊接、电气一体化、物流、生产管理等内容，是一种具备一定程度智能化的焊接生产表现形式。

工作站的优点如下：

1）产品质量稳定，品质可靠提升，减少了人为因素负面影响。

2）生产效率提高，生产节奏可控性高、产能稳定。

3）生产成本降低，减少了工人数量、物料传送环节、重复设备的数量。

4）工人劳动强度降低，降低了工人操作技能、持续工作时间，工作环境改善。

5）柔性化生产线，产品种类适用范围更大，实施流水线作业。

6）生产线管理水平提高，更利于产品品质保障、现场安全风险控制、物流和设施管理、场地规划、环境建设等企业生产线的管理。

综合来说，自动化焊接工作站生产替代传统的"人海战术"，更利于企业综合生产成本控制和生产线管理，大幅度提高生产力技术水平，从而增强企业竞争力。从国内外自动化焊接工作站应用及普及的发展态势看，工作站是未来焊接设备的发展方向和应用趋势。

图 6-73 为某公司汽车的车身自动化焊接生产线。

图 6-73　汽车的车身自动化焊接生产线

二、分类

自动化焊接工作站通常融合了焊接电源、专机工装或机器人（或两者皆有）、变位机、滚轮架、焊接识别系统、物流传送等诸多元素。根据不同生产企业的产品和生产线设计，各具特色。常应用的焊接工艺有 TIG 焊、MIG/MAG 焊（单丝、双丝）、等离子焊、激光焊、电阻电焊、螺柱焊等；配套的专机有直缝、环缝、相贯线等；机器人结合不同需求的工作范

围应用、不同负重型号，主要有弧焊机器人、点焊机器人和搬运机器人等；变位机主要以单轴、双轴、多轴形式配套应用；焊接识别系统常以焊缝跟踪系统和视频系统出现；滚轮架常用于配合变位机协同调整焊接位置或融合在物流传动系统中；物流传送通常采用传送带、工装、吊装设备或机器人等辅助装备。

自动化焊接工作站，通常按生产线上该工位完成的产品的工序数量和焊接自动化程度不同，分为自动化焊接工作站和自动化焊接生产线两类，表现形式为单一零部件自动化焊接工作站工位和产品自动化焊接生产流水线。

1. 自动化焊接工作站

铝油箱筒体环缝自动化焊接工作站如图 6-74 所示。

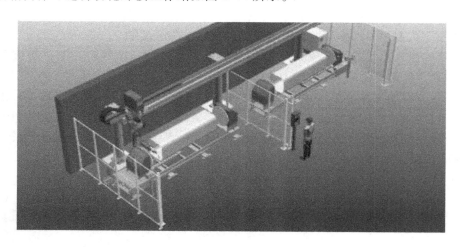

图 6-74　铝油箱筒体环缝自动化焊接工作站

2. 自动化焊接生产线

铝油箱自动化焊接生产线如图 6-75 所示。

图 6-75　铝油箱自动化焊接生产线

三、车桥机器人焊接工作站

1. 任务描述

车桥结构如图 6-76 所示，根据其结构设计一套机器人焊接工作站。

已知工件尺寸 350mm × 1350 ~ 1600mm、工件高度为 120mm、材质为 Q235、厚度为 5mm。要求如下：

1）焊接方法采用 TIMETIWN 双丝 MAG/MIG，焊接速度约 15mm/s（取决于实际工件状态），焊丝直径 1.2mm，焊接气体 20% CO_2 + 80% Ar（体积分数），焊丝材质碳钢（Q235）。

2）焊缝要求外观美观，焊缝符合 GB/T 3323—1987《钢熔化焊对接接头射线照相与质量分级》中的 Ⅲ 级规定，并且要求焊缝熔深率达 70% 以上。

3）焊接工件必须清理干净，防止表面氧化、油脂等。根据工件的厚度和材料不同，焊接过程中最大容许的工件公差是小于 ±0.5mm，变化过大会影响焊接速度，成形和质量。

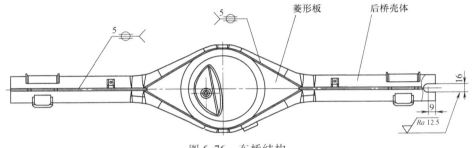

图 6-76　车桥结构

2. 工作站系统设计

（1）系统组成　车桥焊接工作站的设计如图 6-77 所示。

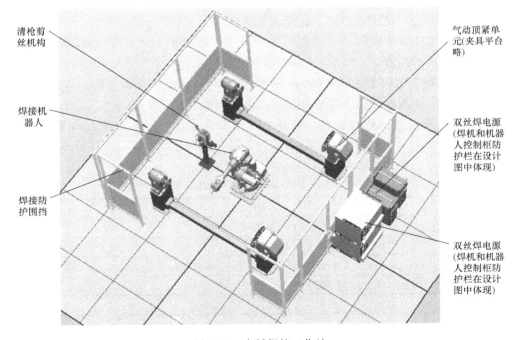

图 6-77　车桥焊接工作站

第六章　焊接自动化技术的应用

1）整套系统由以下几个主要部分组成。

① 焊接机器人：采用 ABB IRB2600 机器人，保证最佳的焊缝可达性和运动性。

② 焊接技术：奥地利 Fronius 公司的 TIMETIWN5000 机器人专用水冷配置焊机。

③ 焊接夹具平台：双工位气动头尾顶紧定位夹具平台单元。

④ 安全防护：采用铝合金型材搭建的标准焊接防护围挡。

⑤ 清枪剪丝：Fronius 双丝焊专用标准清枪剪丝 Robacta Reamer TIMTIWN。

⑥ 控制系统：自主设计操作台，友好人机界面，方便的操作按钮以及必要的安全按钮。

2）系统工作流程：工人将工件吊装至一个夹具平台单元上之后，工件通过气动夹紧定位后进行焊接，同时在机器人焊接过程中，另一工位上可进行下料和吊装新工件，以提高设备的利用率和生产效率。

（2）焊接机器人 采用 IRB 2600 工业机器人，如图 6-78 所示。

IRB 2600 机器人机身紧凑，荷重能力强，设计优化，适合弧焊、物料搬运、上下料等应用。提供 3 种子型号，可灵活选择落地、壁挂、支架、斜置、倒置等安装方式。

IRB 2600 机器人精度为同类产品之最，其操作速度更快，废品率更低，尤其适合弧焊等工艺应用，其高精度由专利的 TrueMove 运动控制软件实现。

IRB 2600 机器人采用优化设计，机身紧凑轻巧，节拍时间与行业标准相比可缩减多达 25%。专利的 QuickMove 运动控制软件使其加速度达到同类最高，并实现速度最大化，从而提高产能与效率。

IRB 2600 机器人工作范围超大，安装方式灵活，可轻松直达目标设备，不会干扰辅助设备。优化机器人安装，是提升生产效率的有效手段。模拟最佳工艺布局时，灵活的安装方式更能带来极大的便利。

图 6-78 IRB2600 工业机器人

IRB 2600 机器人的底座同 IRB 4600 一样小，可与目标设备靠得更近，从而缩小整个工作站的占地面积。小底座还为下臂进行正下方操作创造了有利条件。

ABB 工业机器人防护计划周全，在业内处于领先水平。IRB 2600 标准型机器人达到 IP67 防护等级，另有铸造专家 2 型、铸造权威 2 型和洁净室版本等三款升级机型可供选择。

IRB 2600 机器人的主要参数见表 6-10。

表 6-10 IRB 2600 机器人的主要参数

主要应用		
上下料、物料搬运、弧焊		
特性		
子型号	工作范围	有效荷重	手臂荷重
IRB2600-12/1.65	1.65	12	15
轴数	6		
防护	标准 IP67；可选铸造专家 2 型		
安装方式	落地、壁挂、支架、斜置、倒置		

6 CHAPTER

物理参数			
机器人底座大小	676mm×511mm		
机器人高度		1328mm	
机器人高度		1582mm	
机器人质量	272～284kg		
性能（据 ISO 9283）			
	手臂1.65	手臂1.85	
重复定位精度（RP）	0.05mm	0.07mm	
重复循环精度（RT）	0.13mm	0.20mm	
运动			
轴运动	工作范围	最高速度	
轴1旋转	180°～180°	175°/s	
轴2手臂	155°～95°	175°/s	
轴3手腕	75°～180°	175°/s	
轴4旋转	400°～400°	360°/s	
轴5弯曲	120°～120°	360°/s	
轴6回旋	400°～400°	360°/s	
电气连接			
电源电压	200～260V、50～60Hz		
环境参数			
机械装置环境温度			
运行中	5℃（41℉）～45℃（113℉）		
运输和储藏中	-25℃（-13℉）～55℃（131℉）		
短期（最长24h）	最高70℃（158℉）		
相对湿度	恒温最高95%		
安全性	双回路监测，紧急停机，安全功能，3位启动装置		
辐射	EMC/EMI屏蔽		

　　IRB 2600 机器人的尺寸如图 6-79 所示。

IRC 5 工业机器人控制柜

➤ 第 5 代机器人控制柜

　　如图 6-80 所示，IRC5 控制柜凝聚 40 余年机器人技术研发经验，为自动化工业树立了新标杆。除在运动控制、柔性、通用性、安全性、可靠性等方面充分继承了前几代产品的优势以外，IRC5 控制柜还在模块化、用户界面、多机器人控制、PC 工具支持等方面取得了全新突破。

➤ 安全性

　　操作员安全性是 IRC5 的核心优势之一。该控制柜已通过第三方检验认证，满足各项规范的要求。首选，IRC5 以新一代电子限位开关取代以前的机电解决方案，为机器人工作站

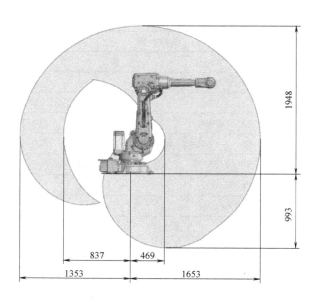

图 6-79　IRB 2600 机器人的尺寸

实现灵活有效、安全可靠的联锁铺平了道路。此外，SafeMove 还提供一系列得力的安全功能，进一步推进了工作站安全体系的灵活实施，如实现机器人与操作员的协作互动。

> 运动控制

IRC5 以先进的动态模型为基础，利用 QuickMove 功能最大限度缩短节拍时间，又通过 TrueMove 功能显著提高机器人路径精度，从而实现机器人性能的最优化。在 IRC5 的控制下，机器人的运行路径与速度脱离关系，无需程序员调试，机器人即可自动达到可预测的高性能。

图 6-80　IRC5 控制柜

> 模块化

作为一种高成本效益的解决方案，IRC5 灵活提供多样化的版本形式，以满足用户的不同需求。多个模块即可堆叠，也可并置，还可分布在工作站内。这种独一无二的布置方式节省了占地空间，有利于工作站的布局设计。

IRC5 提供不带机柜的面板嵌入型，可封装集成于其他设备内，满足超级紧凑的设计要求或特殊的环境要求。

> FlexPendant（示教器）

FlexPendant（示教器）以简洁明了、直观互动的彩色触摸屏和 3D 操作杆为设计特设。拥有强大的定制应用支持功能，可加载自定义的操作屏幕等要件，无需另设工作站人机界面。

> RAPID 程序语言

RAPID 程序语言是简易性、灵活性和强大功能性的完美融合。该语言突破了种种使用上的限制，支持结构化程序。适合车间应用，并提供诸多先进功能，是实施各类工艺应用的利器。

➢ 通信

IRC5 支持先进的 I/O 现场总线，在任何工厂网络中都是一个性能良好的节点，拥有一系列强大的联网功能，如传感器接口、远程磁盘访问、插口通信等。

➢ 支持远程服务

可通过标准通信网（GSM 或以太网）进行机器人远程监测。先进诊断方法可实现故障快速确诊及机器人终生状态监测。提供多种服务包供用户选择，涵盖备份管理、状况报告、预防性维护等各类新型服务。

➢ RobotStudio

IRC5 提供功能强大的数据处理 PC 工具——RobotStudio 作为 FlexPendant（示教器）的理想配套软件，Robotstudio 拥有 PC 环境下的操作优势，如远程访问功能等。RobotStudio 还可用于离线工作，能在数字虚拟环境下完美再现机器人系统，并具备丰富的编程与模拟功能。

➢ MultiMove

通过 MultiMove 功能，一个 IRC5 控制柜最多可控制 4 台机器人，每台附加机器人只需增设一个紧凑的传动模块。MultiMove 功能可灵活协调复杂的运动模式，将以前的诸多"不可能"变位"可能"。配合 RobotStudio 使用，轻触按钮即可完成复杂程序的创建。

IRC5 规格		
控制硬件	多处理器系统 PCI 总线 大容量闪存盘 停电备用电源 USB 存储器接口	
控制软件	成熟可靠的实时 OS 高级 PAPID 编程语言 PC-DOS 文件格式 预装软件，另提供 DVD 版 扩展功能组，详见 RobotWare 数据单	
电气连接		
电源	200-260V，50-60Hz 集成变压器或配置直接电源接口	
物理特性	尺寸高×宽×深/mm	重量
单柜式	970×725×710	150kg
双柜式	1370×725×710	180kg
控制模块	720×725×710	50kg
传动模块	720×725×710	130kg
用户自备设备用空柜	-小型 720×725×710 -大型 970×725×710	35kg 42kg
面板嵌入式		
控制模块	375×498×271	12kg

（续）

传动模块	375 × 498 × 299	24kg
	环境	
环境温度	0 ~ 45℃ (32 ~ 113℉)，可选 0 ~ 52℃ (32 ~ 125℉)	
相对湿度	最高 95%	
防护等级	IP54（冷却风道 IP33）面板嵌入式为 IP20	
过滤器（可选）	-潮湿颗粒物过滤 -潮湿粉尘过滤	
达标	机械指令 98/37/EC 规程 附录 Ⅱ B EN60204-1:2006 ISO10218-1:2006 ANSI/RIAR15.06-1999 UL1740-1998	
	用户界面	
控制面板	控制柜上或遥控	
FlexPendant（示教器）	重量：1kg 彩色图形界面触摸屏 操作杆 紧急停机 热插拔 左右手操作支持 USB 存储器支持	
维护	状态 LED 指示灯 诊断软件 恢复程序 登录时间标记功能 预留远程服务功能	
	安全	
基本	安全紧急停机 带监测功能的双通道安全回路 3 位启动装置	
电子限位开关	5 路安全输出（监测第 1 ~ 7 轴）	
SafeMove	静止、速度、位置与方向监测（机器人及附加轴） 8 路安全输出（功能启用） 8 路监测输出	
机械接口		
输入/输出	最多 4096 路信号	
数字	24V DC 或继电器信号	
模拟	2 × 0 ~ 10V	
串口	1 × RS232/RS422	
网络	以太网（10/100MB/S） 服务通道与局域网通道	
双通道	PROFINET PROFIBUSDP EtherNet/IP DeviceNet	

现场总线主控	PROFINET PROFIBUSDP EtherNet/IP Interbus Allen-Bradley 远程 I/O CC-Link
过程编码器	最多 6 通道
过程接口	机器手上臂信号接口 控制柜预留附加设备空间
传感器接口	搜索停止（自动程序切换） 焊缝跟踪 轮廓跟踪 输送链跟踪 机械视觉系统 力控制

注：数据和尺寸若有变更，恕不另行通知

（3）焊接技术

1）选用 Fronius（奥地利福尼斯）焊接接电源。

2）焊接电源选择双机合璧。传统的单丝焊工艺一般只能达到 6kg/h 的熔敷率，这样从逻辑上推论如果焊接中使用两根焊丝，熔敷率最多也只能在原来的基础上加倍。然而双丝焊工艺（Tandem）却可以实现 30kg/h 的熔敷率。所以采用 Fronius 的全数字化焊接系统 Time-Twin Digital 后，得到的不仅仅是双倍的速度，而且还有极致完美的焊接效果。

① 工艺的基本原理。Time Twin Digital 是基于熔化极气体保护焊的双丝焊（Tandem）工艺，是一种成熟的工艺。在此，两台独立的 TPS4000/5000 全数字化脉冲逆变电源分别控制处在同一焊枪喷嘴中两根彼此绝缘的焊丝，形成同一个熔池。这种工艺革命性的进步在于 Fronius 在其中融入了全数字化技术，不仅使该工艺达到迄今无与伦比的精度和完美，而且极大地简化了操作和降低了人们对该工艺的把握难度。

协同控制器在两台电源之间协调两根焊丝达到最佳焊接效果。用这种方法可实现两根焊丝金属过渡过程的实时协调。这是双丝焊工艺达到稳定、低飞溅效果的基本前提。

② 系统配置。电源的系统配置如图 6-81 所示。

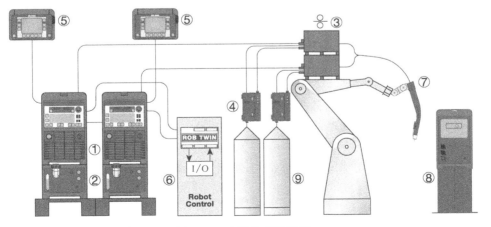

图 6-81　电源的系统配置

　　两完全分离并且各自独立控制的电源分别控制两根处在同一喷嘴中彼此绝缘的焊丝，形成一个公共的熔池。这样缩短了焊接生产周期，同时提高了焊接质量和效益。Fronius 数字化焊接系统之所以便于操作主要得益于它们内置的专家系统，针对众多的应用，用户在任何时候都能方便自如地调用储存于其中的专家系统所提供的最佳参数。用户已不需要花费大量时间在寻求焊接参数上，而且焊接效果还能实现 100% 可重复性。数字化 Time Twin 可以任意切换主丝和辅丝的定义，这意味着在多层多道焊时，每焊完一道后焊枪不用又回到起焊点，从头开始起弧焊下一道。这样加快了生产节拍，提高了生产效率。另外，有时在某些工作中只需要单丝焊接的，还能够很方便地停止另一台不焊接的电源。

　　3）TIME Twin Digital 使用数字化技术有以下优点。

　　① 缩短生产周期，提高焊接质量和效益 5 倍的焊接速度于传统的单丝 MIG/MAG 焊，最大可达到 30kg/h 的熔敷率。

　　② 电弧极其稳定，完美的熔滴过液及较低的热输入。

　　③ 完美的起弧和填弧坑效果，使整条焊缝有一致的外观，这对于需要承受重负荷的焊缝意义尤其重大。

　　④ 多层多道焊时可任意切换主丝和辅丝，焊枪可在任意方向上焊接，节省了时间。

　　⑤ 内置超过 60 套焊接专家程序，支持各种母材和填充金属。

　　4）焊接材料。数字化双丝焊系统有着庞大的专家系统支持几乎所有的焊接材料，应用范围极其广泛。

　　5）应用领域。

　　① 结构件、容器、工程机械。

　　② 汽车厂及其零部件商。

　　③ 管道焊接。

　　④ 轨道车辆。

　　⑤ 造船。

　　⑥ 特种交通工具制造和建筑机械。

　　（4）焊接夹具

　　（5）安全防护　工作站设有安全防护围挡，围挡的框架由 40mm × 40mm 铝型材搭建而成，封板采用铝塑复合板。留有维修门及通道门，操作口采用安全光栅或防护门防护，确保操作人员的安全。

　　（6）控制系统　采用自主设计的控制操作台，可有效控制系统的所有主要部件，可进行自动手动操作机器人，方便工人操作。为保证控制系统的稳定性和可靠性，其中主要的元器件均采用国际知名品牌，如继电器采用欧姆龙，连接件采用菲尼克斯等。

四、波纹板自动化焊接生产线

　　1. 任务描述

　　钢材材质为碳钢。采用 MIG/MAG 焊。系统组成为 MIG/MAG 焊机系统 + 机器人 + 物料自动传输带 + 专机夹具。

　　2. 焊接生产线

　　波纹板焊接生产线如图 6-82 所示

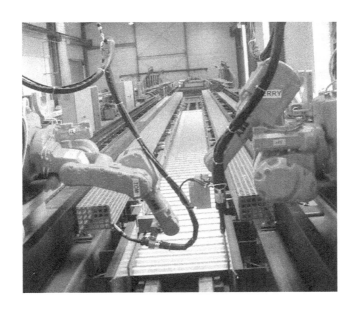

图 6-82　波纹板焊接生产线

五、铝合金油箱生产自动化生产线

1. 任务描述

产品结构如图 6-83 所示。材质为铝合金。焊接工艺为采用 MIG/MAG 焊。

说明及要求如下：

1）采用全自动精裁机和数控卷板机，使筒体的长度尺寸和形状公差提升到 ±0.25mm，满足外环缝焊接要求，并且满足图样设计的尺寸要求，避免折弯机折弯出现直面和折弯过程中铝板窜动的现象。

2）筒体成形后再悬冲加油口、放油口和传感器口，保证三个孔的位置精度和尺寸精度。

3）内隔板采用卡锁工艺代替焊接，完全消除了热影响区，售后焊接漏油将不会存在。

4）加油口、放油口焊接和外环缝焊接都采用激光跟踪机器人自动焊接，提升了焊接水平并且克服了人为因素造成的焊接缺欠，保证了焊接质量。采用机器人焊接外环缝，能保证油箱的焊接过程中始终采用最合理的焊接工艺，避免焊接缺欠。

5）检测采用全浸水桶胆侧漏代替人工刷肥皂水的方式，最大可能地消除人为因素，全方位检测消除漏检现象。

6）生产线物流采用自动传输功能进行搬运，最大量地做到无人化、少人化，降低生产成本，提高劳动效率。

2. 生产线设计

该铝合金油箱自动化柔性生产线设计如图 6-84 所示。

3. 工艺流程

该生产线的工艺流程如图 6-85 所示。

4. 生产线组成

该生产线主要由折弯机（图 6-86）、纵缝焊接专机（图 6-87）、冲压设备（冲压隔板、

加油口、油量传感器等）（图 6-88）、胀形机（图 6-89）、组对设备（图 6-90），机器人焊接工作站（焊接隔板、加油口以及环缝）（图 6-91、图 6-92）和检测设备（图 6-93）等几个部分组成。

图 6-83　铝合金油箱

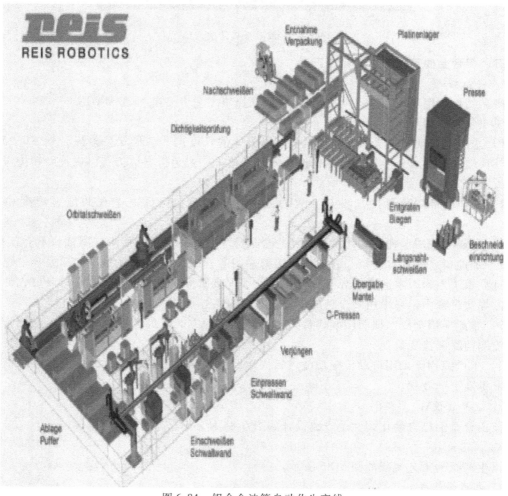

图 6-84　铝合金油箱自动化生产线

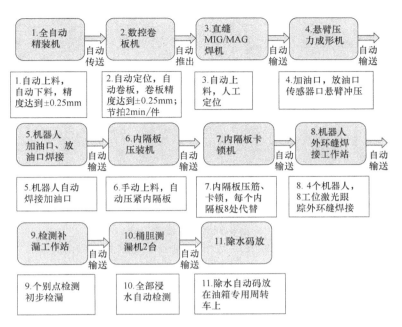

图 6-85　铝合金油箱自动化生产工艺流程

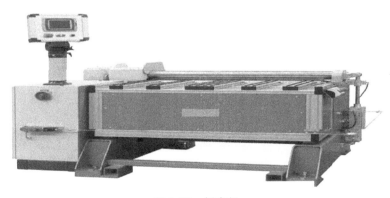

图 6-86　折弯机

图 6-87　纵缝焊接专机

第六章　焊接自动化技术的应用

a)

b)

c)

图 6-88　冲压设备

a）冲压隔板　b）、c）冲压加油口和油量传感器等

图 6-89　胀形机

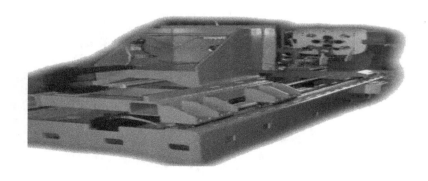

图 6-90　组对设备

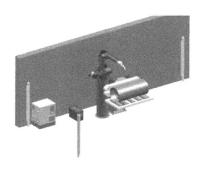

图 6-91　机器人焊接工作站（焊接隔板）

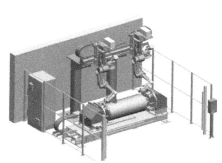

图 6-92　机器人焊接工作站（焊接加油口以及环缝）

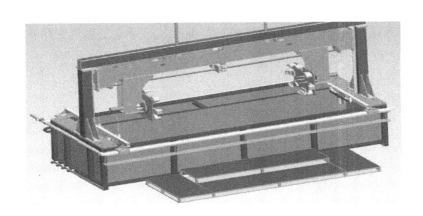

图 6-93　检测设备

复习思考题

一、填空题

1. 在实际应用中，焊接自动化技术主要以_____、_____和_____三种形式出现。

2. _____是机器人控制系统的核心部件，是一个用来注册和存储机械运动或处理记忆的设备。

3. 示教编程内容主要由两部分组成，一是＿＿＿＿＿＿＿＿，二是＿＿＿＿＿＿＿＿。

二、选择题

1. 机器人示教工件时，示教器的挂带要套在左手上，应时刻保持＿＿＿＿操作。

A. 双手　　　　　B. 单手　　　　　C. 左手　　　　　D. 右手

2. 机器人行走轨迹是由示教点决定的，一段圆弧至少需要示教＿＿＿＿点。

A. 2　　　　　B. 5　　　　　C. 4　　　　　D. 3

3. 直线摆动插补形态需要使用＿＿＿＿＿＿＿＿指令。

A. MOVELW　　B. MOVEP　　C. WEAVEP　　D. MOVECW

4. 增加、替换和删除次序指令时使用下列哪些图标＿＿＿＿＿＿＿＿。

A. 　　B. 　　C. 　　D.

三、判断题

1. 示教器不用时要放在工作台上。　　　　　　　　　　　　　　　　　（　　）

2. 示教器的屏幕要经常用酒精擦洗。　　　　　　　　　　　　　　　　（　　）

3. 示教时，要将示教器的挂带套在左手上。　　　　　　　　　　　　　（　　）

4. 机器人的示教再现方法不用移动机器人即可实现示教。　　　　　　　（　　）

5. ARC-ON 意为叙述焊接开始条件。　　　　　　　　　　　　　　　　（　　）

6. ARC-OFF 意为叙述焊接结束条件。　　　　　　　　　　　　　　　　（　　）

7. 直线插补的指令是（MOVEL）、圆弧插补的指令是（MOVEC）。　　（　　）

8. 紧急停止开关通过切断伺服电源立刻停止机器人和外部轴操作。　　　（　　）

9. 机器人运动中，工作区域内如有人员进入，应按下紧急停止开关。　　（　　）

10. 当模式选择开关处于自动模式位置（Auto），用于示教、编辑程序和焊接。（　　）

第七章 焊接自动化设备的日常维护与保养

　　为保证设备经常处于良好状态，延长设备使用寿命，必须做好各类设备的日常维护与保养工作，即通过擦试、清扫、润滑、调整等一般方法对设备进行护理，以维持和保护设备的性能和技术状况，做到清洁、整齐、润滑良好和安全。

　　本章主要介绍焊接机器人、变位机、工装夹具以及焊接电源等设备的日常检查与维护内容，着重介绍焊接机器人日常维护保养要求及注意事项（教材中未涉及的内容参照相关设备使用说明书，必要时及时与专业人员即售后服务方联系解决）。

第一节　焊接机器人的日常维护与保养

一、焊接机器人日检查及维护

1）送丝机构。包括送丝力矩是否正常，送丝导管是否损坏，有无异常报警。

2）气体流量是否正常。

3）焊枪安全保护系统是否正常（禁止关闭焊枪安全保护工作）。

4）水循环系统工作是否正常。

5）测试程序点 TCP（建议编制一个测试程序，每班交接后运行）。

二、焊接机器人周检查及维护

1）擦拭机器人各轴。

2）检查程序点（TCP）的精度。

3）检查清渣池油位。

4）检查机器人各轴零位是否准确。

5）清理焊机水箱后面的过滤网。

6）清理压缩空气进气口处的过滤网。

7）清理焊枪喷嘴处杂质，以免堵塞水循环。

8）清理送丝机构，包括送丝轮、压丝轮、导丝管。

9）检查软管束及导丝软管有无破损及断裂（建议取下整个软管束用压缩空气清理）。

10）检查焊枪安全保护系统是否正常，以及外部急停按钮是否正常。

三、焊接机器人月检查及维护

1）润滑机器人各轴。其中 1~6 轴加白色润滑油。

2）RP 变位机和 RTS 轨道上的红色油嘴加黄油。

3）RP 变位机上的蓝色加油嘴加灰色导电脂。

4）送丝轮滚针轴承加润滑油（少量黄油即可）。

5）清理清枪装置，加注气动马达润滑油（普通机油即可）。

6）用压缩空气清理控制柜及焊机。

7）检查焊机水箱冷却水水位，及时补充切削液（纯净水加少许工业酒精即可）。

8）完成 1~7 项的工作外，执行周检的所有项目。

四、焊接机器人日常检查的常见问题及解决措施

焊接机器人日常检查项目、常见问题及解决措施见表 7-1。

表 7-1　焊接机器人日常检查项目、常见问题及解决措施

部　件		项　目	问　题	措施（※注意事项）
闭合电源前检查	接地电缆、其他电缆	1）接线端子的松紧程度 2）外观有无损伤	松动、断开或损坏	拧紧或更换
	机器人本体	是否沾有飞溅和灰尘	有飞溅或灰尘	清除飞溅和灰尘（注意：不能用压缩空气清理灰尘或飞溅，否则异物可能进行护盖内部，对本体造成损害）
		各紧固螺钉是否紧固	松动	拧紧
	安全护栏	是否损坏	损坏	维修
	作业现场	是否整洁	脏或乱	清理现场
闭合电源后检查	紧急停止开关	工作是否正常	不正常或失灵	立即断开伺服电源，进行维修或更换（注意：开关修好前不能使用机器人）
	原点对中标记	执行原点复位后，看各原点对中标记是否重合	不重合	联系专业人员进行维修（注意：按下急停开关断开伺服电源后方可接近机器人进行检查）
	机器人本体	自动运转，手动操作时看各轴运转是否平滑、稳定（有无异常噪声、振动）	有异常振动或噪声	联系专业人员进行维修（注意：修好前不能使用此机器）
	风扇	查看风扇的转动情况，是否沾有灰尘	沾有灰尘	清洁风扇（注意：清洁风扇前要断开所有电源）

五、焊接机器人维护保养时的注意事项

焊接机器人维护保养时的注意事项见表 7-2。

表 7-2　焊接机器人维护保养时的注意事项

部件	注意事项	（否则）后果
本体	注油孔不允许加注普通黄油	各轴不能灵活转动
	不允许用压缩空气清理灰尘或飞溅	对本体造成损害
控制箱	所有线缆不允许踩踏、砸压、挤碰	线缆破损
	不能与大容量用电设备接在一起	死机
示教器	不能摔碰	黑屏
	避免线缆缠绕	线缆断
	显示面板避免划擦	液晶面板损坏
电焊机	不能过载使用	焊机烧损
	输出电缆连接牢靠	焊接不稳、接头烧损
焊枪	导电嘴磨损后必须及时更换	送丝不稳，不能正常焊接
	送丝管必须及时清理	送丝阻力大，不能正常焊接

部件	注意事项	（否则）后果
送丝机	压臂压力调整与焊丝直径相符	送丝不稳,不能正常焊接
送丝导管	送丝管必须及时清理	送丝阻力大,不能正常焊接
	弯曲半径不能太小	送丝阻力大,不能正常焊接
送丝盘	注意盘轴润滑	送丝阻力大,不能正常焊接
焊丝	选用优质焊丝	材质不合格,焊接不稳定
		丝径不均、镀层不匀、送丝不畅、不能正常焊接
		镀层强度不好,镀铜易脱落,阻塞送丝管路,送丝阻力大,不能正常焊接
保护气体	CO_2 气体必须纯净	易产生气孔、飞溅大
	混合气配比准确、混合均匀	焊接不稳

还需注意的是，机器人本体内装有电池（称为编码器电池），用于伺服电动机编码器数据备份。编码器电池的使用寿命随工作环境的不同有所变化，需要两年更换一次，否则电动机编码器数据将会丢失，需要重新进行原点调整。所以，更换前先备份示教器中的数据，然后关闭电源，更换电池后再行检验备份数据。

第二节　变位机的日常维护与保养

一、变位机的日检查及维护

1）检查工作前工作台是否处于标准位置，有无异常倾斜现象。

2）变位机翻转变位范围内保证无障碍物，周围环境符合要求。

3）显示部件正常，无异常噪声、振动和气味等。

4）检查各部位的安全防护装置是否坚固。

5）检查工件是否在工作中心位置，不得偏离重心位置。

6）检查夹具是否良好，能否安全牢靠地固定工件。

7）从外部检查设备的运行，确保无异常现象。

8）检查设备运转是否有异常噪声、振动和气味。

9）检查电流集电环是否完好。

10）注意设备及设备周围的卫生情况。

二、变位机的周检查及维护

1）清扫工作台、夹具、配电箱及周围，清除变频器、控制板上的灰尘、保持其清洁。

2）检查电缆的绝缘情况及设备的接地是否可靠。

3）检查各连接部分，防止出现松动现象，如有松动，须紧固后才能使用。

三、变位机的月检查及维护

1）对倾斜调节机构、轴承、外露齿轮进行润滑。

2）检查各减速机润滑油位，及时添加润滑油。

3）检查各减速机润滑油油质是否良好，必要时进行更换。

四、变位机的常见问题及解决办法

1）电源指示灯不亮，变位机正常工作。

① 电源指示灯脱落：将电源指示灯进行重新安装。

② 电源指示灯毁坏：更换电源指示灯。

2）电源指示灯亮，变位机不能正常工作。

① 保险丝烧坏，重新更换保险丝。有时保险丝表面看起来没有烧毁，其实已经不能导通，必须用万用表测量，建议重新更换保险丝。

② 电位器的接插件线路不牢固，检查电位器的线路，红白相间的线重新接插。

3）电源指示灯不亮，变位机也不能正常工作。

① 电源线没有插好，检查电源线，重新接插电源线。

② 电源开关损坏，更换电源开关。

③ 时间继电器的底座脱落，导致线路松动。可把时间继电器的底座重新固定。

4）电动机自锁功能不能实现。

① 继电器与底座脱落导致线路断开，重新接插继电器。

② 与继电器相连的绿色电阻的线路断开，重现接通线路。

第三节 夹持装置的日常维护与保养

一、夹持装置的外观检查

1）各部件是否缺损（包括基准销、基准型块、压紧部件、气动部件等）。

2）紧固螺钉是否有松动。

3）工作台板是否清洁，无零件堆放。

4）各润滑部位是否加润滑油。

5）各定位销和型面是否有电流烧伤或焊渣赃物附着。

6）支脚是否平稳。

二、夹持装置的日常维护与保养

1）关闭气源，排空余气。

2）清除焊渣和零件。

3）清除油污、油垢。

4）转轴和转销部位加润滑油。

第四节 焊接电源的日常维护与保养

焊接电源的日常检查项目见表 7-3。

表 7-3 焊接电源的检查

检查内容	检查项目	问 题	措 施
外观检查	是否可靠接地	未接地	接地处理
焊接电源内部	是否有脏污	有脏污	清洁(可用压缩空气将焊机内部尘土吹净)
冷却风扇	运转是否正常	不正常或损坏	清洁或更换

检查内容	检查项目	问　题	措施
主变压器接线	安装螺钉是否紧固	松动	拧紧
电缆间连接	连接螺钉是否紧固	松动	拧紧
磁性开关	接点是否损坏	损坏	确认接点,损坏时进行更换
	接线安装螺钉是否紧固	松动	拧紧
其他部位的接线	是否紧固	松动	拧紧

复习思考题

一、判断题

1. 机器人本体沾有飞溅和灰尘时，可用压缩空气清理。（　　）

2. 焊接电源内部可用压缩空气将焊机内部尘土吹净。（　　）

3. 设备出现故障时需要马上通知专业服务（售后服务）人员处理。（　　）

二、简答题

1. 为什么要进行设备的日常维护与保养工作？

2. 焊接机器人开机前后（电源闭合前后）需要进行哪些检查或维护？

3. 简述变位机的常见问题及解决办法。

第七章　焊接自动化设备的日常维护与保养

参 考 文 献

［1］ 胡绳荪. 焊接自动化技术及其应用 ［M］. 北京：机械工业出版社，2007.

［2］ 蒋力培，薛龙，邹勇. 焊接自动化实用技术 ［M］. 北京：机械工业出版社，2010.

［3］ 刘伟，周广涛，王玉松. 焊接机器人基本操作及应用 ［M］. 北京：电子工业出版社，2012.

［4］ 陈树君. 焊接机器人实用手册 ［M］. 北京：机械工业出版社，2014.